Mon premier été dans la Sierra

John Muir

Writat

Cette édition parue en 2024

ISBN : 9789359941516

Publié par
Writat
email : info@writat.com

Contenu

CHAPITRE I

À travers les contreforts avec un troupeau de moutons

Dans la grande vallée centrale de Californie, il n'y a que deux saisons : le printemps et l'été. Le printemps commence avec les premières pluies torrentielles, qui tombent généralement en novembre. En quelques mois, la merveilleuse végétation fleurie est en pleine floraison et, à la fin du mois de mai, elle est morte, sèche et croustillante, comme si chaque plante avait été rôtie au four.

Ensuite, les troupeaux paresseux et haletants sont conduits vers les pâturages élevés, frais et verts de la Sierra. A cette époque, j'avais envie de la montagne, mais l'argent manquait et je ne voyais pas comment assurer une réserve de pain. Pendant que je réfléchissais avec anxiété au problème du pain, si gênant pour les voyageurs, et que j'essayais de croire que je pourrais apprendre à vivre comme les animaux sauvages, glanant ici et là de la nourriture à partir de graines, de baies, etc., flânant et grimpant dans une joyeuse indépendance de argent ou bagages, M. Delaney, un propriétaire de moutons, pour qui j'avais travaillé quelques semaines, est venu me voir et m'a proposé de m'engager pour aller avec son berger et son troupeau vers les sources des rivières Merced et Tuolumne, le même région à laquelle je pensais le plus. J'étais d'humeur à accepter un travail de toute nature qui m'emmènerait dans les montagnes dont j'avais goûté les trésors l'été dernier dans la région de Yosemite. Le troupeau, expliqua-t-il, serait déplacé progressivement plus haut à travers les ceintures forestières successives à mesure que la neige fondait, s'arrêtant pendant quelques semaines aux meilleurs endroits où nous arrivions. Je pensais que ce seraient de bons centres d'observation à partir desquels je pourrais faire de nombreuses excursions révélatrices dans un rayon de huit ou dix milles autour des camps pour apprendre quelque chose sur les plantes, les animaux et les rochers ; car il m'assura que je serais parfaitement libre de suivre mes études. J'estimai cependant que je n'étais en aucune façon l'homme qu'il fallait pour le lieu et expliquai librement mes défauts, avouant que j'ignorais totalement la topographie des hautes montagnes, les ruisseaux qu'il faudrait traverser et les paysages sauvages. animaux mangeurs de moutons, etc.; en bref, entre les ours, les coyotes, les rivières, les canons et le chaparral épineux et déroutant, je craignais que la moitié ou plus de son troupeau ne soit perdu. Heureusement, ces lacunes semblaient insignifiantes à M. Delaney. L'essentiel, disait-il, était d'avoir autour du camp un homme en qui il puisse avoir confiance pour veiller à ce que le berger fasse son devoir, et il m'assura que les difficultés qui semblaient si redoutables de loin s'évanouiraient à mesure que nous avancions ; m'encourageant davantage en me disant que le berger s'occuperait de tout le troupeau, que je pourrais étudier les plantes, les roches et les paysages autant que je le souhaiterais, et qu'il nous accompagnerait lui-même jusqu'au premier camp principal et rendrait occasionnellement visite à nos camps supérieurs. reconstituez nos réserves de provisions et voyez comment nous avons prospéré. C'est pourquoi j'ai décidé d'y aller, tout en craignant toujours, lorsque j'ai vu les moutons idiots rebondir un par un à travers la porte étroite du corral de la maison pour être comptés, que parmi les deux mille cinquante, beaucoup ne reviendraient jamais.

J'ai eu la chance d'avoir un bon chien Saint-Bernard pour compagnon. Son maître, un chasseur que je connaissais un peu, est venu me voir dès qu'il a appris que j'allais passer l'été dans la Sierra et m'a supplié d'emmener avec moi son chien préféré, Carlo, car il craignait que si il était obligé de rester tout l'été dans les plaines, la chaleur intense risquant de le tuer. « Je pense que je peux vous faire confiance pour être gentil avec lui, » dit-il, « et je suis sûr qu'il sera bon avec vous. Il connaît tout sur les animaux de la montagne, gardera le camp, aidera à gérer les moutons et se montrera capable et fidèle de toutes les manières. Carlo savait que nous parlions de lui, observait nos visages et écoutait si attentivement que j'avais l'impression qu'il nous comprenait. L'appelant par son nom, je lui ai demandé s'il était prêt à m'accompagner. Il m'a regardé en face avec des yeux qui exprimaient une merveilleuse intelligence, puis s'est tourné vers son maître, et après que la permission ait été donnée par un geste de la main vers moi et une caresse d'adieu, il m'a suivi tranquillement comme s'il comprenait parfaitement tout ce qui avait été dit. dit et m'avait toujours connu.

---

3 juin 1869. Ce matin, les provisions, bouilloires, couvertures, presse-plantes, etc., étaient emballées sur deux chevaux, le troupeau se dirigeait vers les contreforts fauves, et nous sommes partis flâner dans un nuage de poussière : M. Delaney, osseux et grand, avec un profil fortement découpé comme Don Quichotte, conduisant les chevaux de bât, Billy, le fier berger, un Chinois et un Indien Digger pour les aider à conduire pendant les premiers jours dans les contreforts broussailleux, et moi-même avec un cahier attaché à ma ceinture.

Le ranch d'où nous sommes partis se trouve sur la rive sud de la rivière Tuolumne, près de French Bar, où les contreforts d'ardoises aurifères métamorphiques plongent sous les dépôts stratifiés de la vallée centrale. Nous n'avions pas parcouru plus d'un kilomètre lorsque certains des anciens chefs du troupeau montrèrent, par leur façon enthousiaste et curieuse de courir et de regarder devant eux, qu'ils pensaient aux hauts pâturages dont ils avaient profité l'été dernier. Bientôt, tout le troupeau parut excité, plein d'espoir, les mères appelant leurs agneaux, les agneaux répondant sur des tons merveilleusement humains, leurs appels tendrement chevrotants interrompus de temps en temps par des bouchées d'herbe séchée arrachées à la hâte. Au milieu de toute cette apparente babel de baas qui coulaient sur les collines, chaque mère et chaque enfant reconnaissaient la voix de l'autre. Au cas où un agneau fatigué, à moitié endormi dans la poussière étouffante, ne répondrait pas, sa mère reviendrait en courant à travers le troupeau vers l'endroit d'où sa dernière réponse avait été entendue et refusait d'être consolé jusqu'à ce qu'elle l'ait trouvé, celui de mille, même si à nos yeux et à nos oreilles tous semblaient pareils.

Le troupeau se déplaçait à la vitesse d'environ un mille à l'heure, s'étalant sous la forme d'un triangle irrégulier, d'environ cent mètres de large à la base et cent cinquante mètres de long, avec une pointe tordue et toujours changeante composée de les butineurs les plus forts, appelés « chefs », qui, avec les plus actifs d'entre eux dispersés le long des côtés déchiquetés du « corps principal », exploraient à la hâte les recoins des rochers et des buissons à la recherche d'herbe et de feuilles ; les agneaux et les vieilles mères faibles qui flânaient à l'arrière étaient appelés « la queue ».

Moutons dans les montagnes

Vers midi, la chaleur était pénible à supporter ; les pauvres moutons haletaient pitoyablement et essayaient de s'arrêter à l'ombre de chaque arbre qu'ils rencontraient, tandis que nous regardions avec un désir avide, à travers la faible lumière brûlante, vers les montagnes et les ruisseaux enneigés, même si aucun n'était en vue. Le paysage n'est constitué que de contreforts ondulés, rugueux ici et là de buissons et d'arbres et de masses d'ardoise affleurantes.

Les arbres, principalement le chêne bleu (*Quercus Douglasii*), mesurent environ trente à quarante pieds de haut, avec des feuilles bleu-vert pâle et une écorce blanche, rarement plantés sur le sol le plus mince ou dans les crevasses des rochers hors de portée des feux d'herbe. En de nombreux endroits, les ardoises s'élèvent brusquement à travers l'herbe fauve en dalles acérées couvertes de lichen, comme des pierres tombales dans des cimetières déserts. A l'exception du chêne et de quatre ou cinq espèces de manzanita et de ceanothus, la végétation des contreforts est pour l'essentiel la même que celle des plaines. J'ai vu cette région au début du printemps, alors qu'elle était un charmant jardin paysager rempli d'oiseaux, d'abeilles et de fleurs. Maintenant, le temps caniculaire rend tout morne. Le sol est plein de fissures, des lézards glissent sur les rochers et des fourmis en nombre incroyable, dont les petites étincelles de vie ne font que brûler plus fort avec la chaleur, frémissent d'une énergie inextinguible alors qu'elles courent en longues files pour se battre et rassembler de la nourriture. Comment se fait-il qu'ils ne sèchent pas jusqu'à devenir croustillants en quelques secondes d'exposition à un tel feu de soleil est merveilleux. Quelques serpents à sonnettes sont lovés dans des endroits éloignés, mais sont rarement vus. Les pies et les corbeaux, habituellement si bruyants, se taisent maintenant, se tenant en groupes mélangés sur le sol sous les meilleurs arbres d'ombrage, le bec grand ouvert et les ailes baissées, trop essoufflés pour parler ; les cailles tentent également de se tenir à l'ombre des quelques points d'eau tièdes et alcalins ; les lapins à queue blanche courent d'ombre en ombre parmi les broussailles de ceanothus, et parfois le lièvre à longues oreilles est vu galoper gracieusement à travers les ouvertures plus larges.

Après un court repos de midi dans un bosquet, le pauvre troupeau étouffé par la poussière fut de nouveau conduit en avant à travers les collines broussailleuses, mais la route sombre que nous suivions disparut là où elle était le plus nécessaire, nous obligeant à nous arrêter pour regarder autour de nous et prendre nos repères. Le Chinois semblait penser que nous étions perdus et bavardait en anglais pidgin à propos de l'abondance du « petit bâton » (chaparral), tandis que l'Indien scrutait silencieusement les crêtes ondulées et les ravins à la recherche d'ouvertures. En poussant à travers la jungle épineuse, nous découvrîmes enfin une route en direction de Coulterville, que nous suiviâmes jusqu'à une heure avant le coucher du soleil, lorsque nous atteignîmes un ranch sec et campâmes pour la nuit.

Camper au pied des collines avec un troupeau de moutons est simple et facile, mais loin d'être agréable. Les moutons étaient autorisés à cueillir ce qu'ils pouvaient trouver dans le quartier jusqu'après le coucher du soleil, sous la surveillance du berger, pendant que les autres ramassaient du bois, allumaient du feu, cuisinaient, déballaient et nourrissaient les chevaux, etc. Vers le crépuscule, les moutons fatigués étaient rassemblés sur l'endroit le plus élevé près du camp, où ils se regroupaient volontiers, et après que chaque mère avait trouvé son agneau et l'avait allaité, tous se couchaient et ne nécessitaient aucune attention jusqu'au matin.

Le dîner fut annoncé par l'appel « Grub ! » Chacun avec une assiette en fer blanc se servait directement des casseroles et des poêles tout en discutant d'études de camp telles que l'alimentation des moutons, les mines, les coyotes, les ours ou les aventures au cours des mémorables journées d'or du pay sale. L'Indien restait en retrait, sans jamais dire un mot, comme s'il appartenait à une autre espèce. Le repas terminé, les chiens étaient nourris, les fumeurs fumaient près du feu, et sous l'influence de la satiété et du tabac, le calme qui s'installait sur leurs visages semblait presque divin, un peu comme la douce lueur méditative peinte sur les visages des saints. Puis soudain, comme s'ils se réveillaient d'un rêve, chacun avec un soupir ou un grognement fit tomber les cendres de sa pipe, bâilla, regarda le feu quelques instants, dit : « Eh bien, je crois que je vais me rendre », et disparut aussitôt sous ses couvertures. Le feu couvait et vacillait encore une heure ou deux ; les étoiles brillaient plus fort ; les coons, les coyotes et les hiboux remuaient le silence ici et là, tandis que les grillons et les hylas faisaient une musique joyeuse et continue, si appropriée et si pleine qu'elle semblait faire partie du corps même de la nuit. La seule discordance venait d'un dormeur qui ronflait et du mouton qui toussait avec de la poussière dans la gorge. À la lumière des étoiles, le troupeau ressemblait à une grande couverture grise.

4 juin. Le camp était en activité dès le point du jour ; du café, du bacon et des haricots constituaient le petit-déjeuner, suivi d'un rapide lavage de la vaisselle et de son emballage. Un bêlement général commença au lever du soleil. Dès qu'une mère brebis se levait, son agneau bondissait et bondissait pour son petit-déjeuner, et après que les milliers de jeunes avaient été allaités, le troupeau commençait à grignoter et à se propager. Les hommes agités et aux appétits voraces furent les premiers à bouger, mais n'osèrent pas s'éloigner du corps principal. Billy, l'Indien et le Chinois les maintenaient sur la route fatigante et leur permettaient de ramasser le peu qu'ils pouvaient trouver sur une largeur d'environ un quart de mille. Mais comme plusieurs troupeaux étaient déjà partis devant nous, il ne restait presque plus une feuille, verte ou sèche ; c'est pourquoi le troupeau affamé dut être précipité à travers les collines nues et chaudes jusqu'aux pâturages verts les plus proches, à environ vingt ou trente milles d'ici.

Les bêtes de somme étaient conduites par Don Quichotte, un lourd fusil sur l'épaule destiné aux ours et aux loups. Cette journée a été aussi chaude et poussiéreuse que la première, passant par des collines brunes en pente douce, avec pour l'essentiel la même végétation, à l'exception de l'étrange pin sabin (*Pinus Sabiniana*), qui forme ici de petits bosquets ou est disséminé parmi les chênes bleus. Le tronc se divise à une hauteur de quinze ou vingt pieds en deux ou plusieurs tiges, penchées ou presque dressées, avec de nombreuses branches éparses et de longues aiguilles grises, ne projetant que peu d'ombre. En apparence générale, cet arbre ressemble plus à un palmier qu'à un pin. Les cônes mesurent environ six ou sept pouces de long, environ cinq de diamètre, sont très lourds et durent longtemps après leur chute, de sorte que le sol sous les arbres en est recouvert. Ils font de beaux feux de camp résineux et lumineux, à côté des épis de maïs indien, le plus beau combustible que j'ai jamais vu. Les noix, me dit le Don, sont récoltées en grande quantité par les Indiens Digger pour se nourrir. Ils sont à peu près aussi gros et à coque dure que des noisettes : du même fruit, on trouve de la nourriture et du feu dignes des dieux.

5 juin. Ce matin, quelques heures après être partis avec le nuage de moutons rampant, nous avons atteint le sommet du premier banc bien défini sur le flanc de la montagne à Pino Blanco. Les pins Sabines m'intéressent beaucoup. Ils sont si aériens et ressemblent étrangement à des palmiers que j'avais hâte de les dessiner et j'étais dans une fièvre d'excitation sans accomplir grand-chose. J'ai cependant réussi à m'arrêter assez longtemps pour faire un croquis assez juste du pic Pino Blanco du côté sud-ouest, où se trouvent un petit champ et un vignoble irrigué par un ruisseau qui fait une jolie chute en descendant une gorge au bord de la route. .

Après avoir atteint le sommet ouvert de ce premier banc, ressenti l'exaltation naturelle due à la légère élévation d'environ mille pieds et les espoirs suscités quant aux perspectives à obtenir, une magnifique section de la vallée de la Merced à ce qu'on appelle Horseshoe Bend apparut en pleine vue – un désert glorieux qui semblait appeler de mille voix chantantes. Des pentes audacieuses et abruptes, parsemées de pins et de touffes de manzanita avec des espaces ouverts et ensoleillés entre elles, constituent la majeure partie du premier plan ; le milieu et l'arrière-plan présentent un pli au-delà du pli de collines et de crêtes finement modelées s'élevant au loin dans des masses semblables à des montagnes, toutes couvertes d'une végétation hirsute de chaparral, principalement de l'adénostomie, plantée si merveilleusement près et même qu'elle ressemble à une peluche douce et riche. sans un seul arbre ni endroit dénudé. Aussi loin que l'œil peut atteindre, elle s'étend, une mer de vert, soulevée et gonflée, aussi régulière et continue que celle produite par les landes d'Écosse. La sculpture du paysage est aussi frappante par ses lignes principales que par la richesse de ses détails ; une grande congrégation de hauteurs massives avec la rivière brillante entre elles, chacune sculptée en plis lisses et gracieux sans laisser un seul angle rocheux exposé, comme si les délicates cannelures et crêtes façonnées à partir d'ardoises métamorphiques avaient été soigneusement poncées. L'ensemble du paysage montrait un dessin, à l'instar des sculptures les plus nobles de l'homme. Quelle merveilleuse puissance de sa beauté ! Le regard émerveillé, j'aurais peut-être tout laissé pour ça. Un travail heureux et sans fin me reviendrait alors à retracer les forces qui ont donné naissance à ses caractéristiques, ses roches, ses plantes, ses animaux et son temps magnifique. La beauté au-delà de la pensée partout, en dessous, au-dessus, créée et en cours de création pour toujours. J'ai regardé, regardé, désiré et admiré jusqu'à ce que les moutons et les meutes poussiéreux soient loin hors de vue, j'ai pris des notes à la hâte et un croquis, même si cela n'était pas nécessaire, car les couleurs, les lignes et l'expression de ce visage de paysage divin sont si belles. gravés dans l'esprit et le cœur, ils ne pourront sûrement jamais s'assombrir.

COUDE EN FER À CHEVAL, RIVIÈRE MERCED

SUR LE DEUXIÈME BANC. BORDURE DE LA CEINTURE FORESTIÈRE PRINCIPALE AU-DESSUS DE COULTERVILLE, PRÈS DE GREELEY'S MILL

La soirée de cette journée enchantée est fraîche, calme, sans nuages et pleine d'une sorte d'éclair que je n'ai jamais vu auparavant : des masses blanches et brillantes en forme de nuages parmi les arbres et les buissons, comme des lucioles au battement rapide dans les prairies du Wisconsin plutôt que le soi-disant « feu de forêt ». Les poils étalés de la queue des chevaux et les étincelles de nos couvertures montrent à quel point l'air est chargé.

6 juin. Nous sommes maintenant sur ce qu'on peut appeler le deuxième banc ou plateau de la chaîne, après avoir effectué de nombreux petits hauts et bas sur des ceintures de vagues, avec, bien sûr, des changements correspondants dans la végétation. Dans les endroits ouverts, on trouve encore de nombreux composés des basses terres, ainsi que quelques tulipes Mariposa et d'autres membres remarquables de la famille des lys ; mais le chêne bleu caractéristique des contreforts est laissé en dessous, et sa place est prise par une belle et grande espèce (*Quercus Californica*) avec des feuilles caduques profondément lobées, un tronc pittoresquement divisé et une tête large, massive, finement lobée et modelée. Ici aussi, à une altitude d'environ vingt mille cinq cents pieds, nous arrivons à la lisière d'une grande forêt de conifères, composée principalement de pins jaunes avec seulement quelques pins à sucre. Nous sommes maintenant dans les montagnes et elles sont en nous, suscitant l'enthousiasme, faisant frémir chaque nerf, remplissant chaque pore et chaque cellule de nous. Notre tabernacle de chair et d'os semble transparent comme du verre à la beauté qui nous entoure, comme s'il en faisait vraiment une partie inséparable, palpitant avec l'air et les arbres, les ruisseaux et les rochers, dans les vagues du soleil, - une partie de toute la nature. , ni vieux ni jeune, ni malade ni bien portant, mais immortel. À l'heure actuelle, je peux difficilement concevoir une condition corporelle dépendant de la nourriture ou de la respiration, pas plus que la terre ou le ciel. Comme cette conversion est glorieuse, si complète et si saine, il reste à peine assez de souvenirs des anciens jours de servitude comme point de vue pour la voir ! Dans cette nouveauté de vie, il semble que nous l'ayons toujours été.

À travers une prairie s'ouvrant dans une forêt de pins, j'aperçois des sommets enneigés près du cours supérieur de la Merced, au-dessus de Yosemite. Comme ils semblent proches et comme leurs contours sont nets sur l'air bleu, ou plutôt *dans* l'air bleu ; car ils semblent en être saturés. Comme l'invitation qu'ils lancent est forte et dévorante ! Dois-je être autorisé à y aller ? Nuit et jour, je prierai pour y parvenir, mais cela semble trop beau pour être vrai. Quelqu'un de digne ira, capable d'accomplir l'œuvre divine, mais aussi loin que je peux, je dois dériver autour de ces montagnes de monuments d'amour, heureux d'être le serviteur des serviteurs dans un désert si saint.

J'ai trouvé un joli lys (*Calochortus albus*) dans un fourré d'adénostomes ombragé près de Coulterville, en compagnie d' *Adiantum Chilinse* . Elle est blanche avec une légère teinte violacée à l'intérieur à la base des pétales, une plante des plus impressionnantes, pure comme un cristal de neige, l'une des plantes saintes que tous doivent aimer et qu'elle rend d'autant plus pure à chaque fois qu'elle est vue. . Cela met l'alpiniste le plus rude sur sa bonne conduite. Avec cette plante, le monde entier semblerait riche alors qu'il n'en existe aucune autre. Il n'est pas facile de suivre le camp nuageux pendant que ces gens-plantes prêchent au bord du chemin.

Au cours de l'après-midi, nous avons traversé une belle prairie délimitée par des pins majestueux, principalement le pin jaune fléché, avec ici et là un pin à sucre noble, ses bras plumeux déployés au-dessus des flèches de ses espèces compagnes dans un contraste marqué ; un arbre glorieux, ses cônes de quinze à vingt pouces de long, se balançant comme des glands aux extrémités des branches avec un superbe effet ornemental. J'ai vu quelques bûches de cette espèce au moulin Greeley. Elles sont rondes et régulières comme tournées au tour, à l'exception des coupes en bout qui présentent quelques saillies d'appui. Le parfum de la sève sucrée est délicieux et embaume le moulin et la cour à bois. Comme le sol sous ce pin, parsemé d'aiguilles fines et de grands cônes, est beau, et les tas d'écailles de cônes, d'ailes de graines et de coquilles autour du cou-de-pied de chaque arbre où les écureuils se sont régalés ! Ils obtiennent les graines en coupant les écailles à la base dans un ordre régulier, en suivant leur disposition en spirale, et les deux graines à la base de chaque écaille, cent ou deux dans un cône, doivent faire un bon repas. Les pommes de pin jaunes et celles de la plupart des autres espèces et genres sont maintenues à l'envers sur le sol par l'écureuil Douglas, et retournées progressivement jusqu'à ce qu'elles soient dépouillées, tandis qu'il s'assoit généralement dos à un arbre, probablement pour des raisons de sécurité. Curieusement à dire, il ne semble jamais se faire barbouiller de chewing-gum, pas même ses pattes ou ses moustaches — et comme les détritus de cuisine en cônes de litière qu'il fabrique sont d'une propreté et d'une belle couleur.

Nous approchons maintenant de la région des nuages et des courants frais. De magnifiques cumulus blancs apparurent vers midi au-dessus de la région de Yosemite, des fontaines flottantes rafraîchissant la glorieuse nature sauvage, des montagnes célestes dans les collines et vallées nacrées desquelles les ruisseaux prennent leur origine, bénies d'ombres rafraîchissantes et de pluie. Aucun paysage rocheux n'est plus varié en sculpture, aucun n'est plus délicatement modelé que ces paysages du ciel ; des dômes et des sommets s'élevant, gonflés, blancs comme le marbre le plus fin et aux contours fermes, une manifestation des plus impressionnantes de la construction du monde. Chaque nuage de pluie, aussi passager soit-il, laisse sa marque, non seulement sur les arbres et les fleurs dont le pouls est accéléré, et sur les ruisseaux et les lacs alimentés, mais aussi sur les rochers sont gravés ses marques, que nous puissions les voir ou non.

J'ai examiné l'arbuste curieux et influent *Adenostoma fasciculata*, remarqué pour la première fois à Horseshoe Bend. Il est très abondant sur les pentes inférieures du deuxième plateau près de Coulterville, formant une croissance dense, presque impénétrable, qui semble sombre au loin. Il appartient à la famille des roses, mesure environ six ou huit pieds de haut, a de petites fleurs blanches en grappes de huit à douze pouces de long, des feuilles rondes en forme d'aiguilles et une écorce rougeâtre qui devient déchiquetée avec l'âge. Il pousse sur les pentes ensoleillées et, comme l'herbe, il est souvent emporté par les incendies, mais se renouvelle rapidement à partir des racines. Tous les arbres qui ont pu s'établir au milieu d'elle sont finalement tués par ces incendies, et c'est sans doute le secret du caractère ininterrompu de ses larges ceintures. Quelques manzanitas, qui renaissent également de la racine après avoir consommé des feux, prétendent habiter avec elle, ainsi que quelques composés de buissons, baccharis et linosyris, et quelques plantes lilacées, principalement calochortus et brodiaea, à bulbes enfoncés et à l'abri du feu. Une multitude d'oiseaux et de « petites bêtes élégantes, vachers et craintives » trouvent de bons refuges dans ses fourrés les plus profonds, et les baies ouvertes et les ruelles qui bordent les marges de ses ceintures principales offrent abri et nourriture aux cerfs lorsque Les tempêtes hivernales les chassent de leurs alpages. Une plante des plus admirables ! Il est maintenant en fleur et j'aime porter ses jolies grappes parfumées à ma boutonnière.

Azalea occidentalis, un autre arbuste charmant, pousse près des ruisseaux frais par ici et beaucoup plus haut dans la région de Yosemite. Nous l'avons trouvé ce soir en fleurs à quelques kilomètres au-dessus de Greeley's Mill, où nous campons pour la nuit. Il est étroitement apparenté aux rhododendrons, est très voyant et parfumé, et tout le monde doit l'aimer non seulement pour lui-même mais aussi pour les aulnes et les saules ombragés, les prairies de fougères et l'eau vive qui lui sont associées.

Un autre conifère a été rencontré aujourd'hui, le cèdre à encens (*Libocedrus decurrens*), un grand arbre au feuillage chaud jaune-vert en panaches plats comme ceux des arborvitæ, à l'écorce couleur cannelle, et comme les fûts des vieux arbres sont sans branches, ils faites des piliers frappants dans les bois où le soleil a la chance de briller sur eux, digne compagnon du sucre royal et des pins jaunes. Je me sens étrangement attiré par cet arbre. Le bois brun à grain serré, ainsi que les feuilles en forme de petites écailles, sont parfumés et les panaches plats qui se chevauchent forment de fins lits et doivent bien évacuer la pluie. Ce serait délicieux d'être confronté à une tempête sous l'un de ces vieux arbres nobles, hospitaliers et invitants, ses larges bras protecteurs courbés comme une tente, l'encens s'élevant du feu de ses branches sèches tombées et un vent chaleureux chantant au-dessus. Mais le temps est calme cette nuit, et notre camp n'est qu'un camp de moutons. Nous sommes près de la fourche nord de la Merced. Le vent nocturne raconte les merveilles des hautes montagnes, leurs fontaines de neige et leurs jardins, leurs forêts et leurs bosquets ; même leur topographie est dans ses tons. Et les étoiles, les lys du ciel éternels, comme elles brillent maintenant que nous avons grimpé au-dessus de la poussière des plaines ! L'horizon est délimité et orné par un mur de pins en flèche, chaque arbre étant harmonieusement lié les uns aux autres ; des symboles précis, des hiéroglyphes divins écrits avec des rayons de soleil. Est-ce que je pourrais les comprendre ! Le ruisseau qui coule devant le camp à travers les fougères, les lys et les aulnes fait une douce musique à l'oreille, mais les pins rassemblés au bord du ciel font une musique encore plus douce à l'œil. Beauté divine tout. Ici, je pourrais rester attaché pour toujours avec juste du pain et de l'eau, et je ne serais pas non plus seul ; les amis et les voisins aimés, à mesure que l'amour pour tout augmentait, semblaient d'autant plus proches, quels que soient les kilomètres et les montagnes qui nous séparent.

7 juin. Les moutons ont été malades la nuit dernière, et beaucoup d'entre eux sont encore loin d'être en bonne santé, à peine capables de quitter le camp, toussant, gémissant, l'air misérable et pitoyable, tout cela à cause d'avoir mangé les feuilles de l'azalée bénie. Alors dites au moins le berger et le Don. N'ayant eu que peu d'herbe depuis qu'ils ont quitté les plaines, ils meurent de faim et mangent donc tout ce qu'ils peuvent trouver de vert. Les « hommes-bergers » appellent l'azalée « poison de mouton » et se demandent à quoi pensait le Créateur lorsqu'il l'a créée, tant le commerce du mouton aveugle et se dégrade, bien qu'il soit censé avoir une influence raffinante dans le bon vieux temps dont nous parlons. . Le propriétaire de moutons de Californie est pressé de s'enrichir, et il le fait souvent, maintenant que les pâturages ne coûtent rien et que le climat est si favorable qu'il n'a plus besoin de nourriture d'hiver, d'abris ou de granges. On peut donc élever de grands troupeaux à peu de frais et réaliser de gros profits, l'argent investi doublant, prétend -on, tous les deux ans. Cette richesse rapidement acquise suscite généralement le désir d'en savoir plus. Alors en effet, la laine se referme sur les yeux du pauvre garçon, obscurcissant ou cachant presque tout ce qui mérite d'être vu.

Quant au berger, son cas est encore pire, surtout en hiver lorsqu'il vit seul dans une cabane. Car, bien que stimulé parfois par l'espoir de posséder un jour un troupeau et de devenir riche comme son patron, il risque en même temps d'être dégradé par la vie qu'il mène et atteint rarement la dignité ou l'avantage – ou le désavantage – de la propriété. . La dégradation de son cas a pour cause une cause à chercher pas loin. Il est solitaire la majeure partie de l'année et la solitude semble difficile à supporter pour la plupart des gens. Il a rarement beaucoup de travail mental ou de loisirs sous forme de livres. En entrant la nuit dans sa masure miteuse, bêtement fatigué, il ne trouve rien pour équilibrer et niveler sa vie avec l'univers. Non, après avoir traîné toute la journée après les moutons, il doit aller souper ; il est susceptible de négliger cette tâche et d'essayer de satisfaire sa faim avec tout ce qui lui est utile. Peut-être qu'aucun pain n'est cuit ; puis il se contente de préparer quelques flapjacks crasseux dans sa poêle à frire non lavée, de faire bouillir une poignée de thé et peut-être de faire frire quelques tranches de bacon rouillé. D'habitude, il y a des pêches ou des pommes séchées dans la cabane, mais il déteste s'embêter avec leur cuisson, il se contente d'avaler le bacon et les flapjacks, et dépend pour le reste de la géniale stupéfaction du tabac. Puis se coucher, souvent sans retirer les vêtements portés pendant la journée. Bien sûr, sa santé en souffre, ce qui se répercute sur son esprit ; et ne voyant personne pendant des semaines ou des mois, il finit par devenir à moitié fou, voire complètement.

Le berger écossais pense rarement à être autre chose qu'un berger. Il est probablement issu d'une race de bergers et a hérité d'un amour et d'une aptitude pour le métier presque aussi marqués que ceux de son colley. Il n'a qu'un petit troupeau à élever, voit sa famille et ses voisins, a le temps de lire aux beaux jours et porte souvent dans les champs des livres avec lesquels il peut converser avec les rois. Le berger oriental, lit-on, appelait ses brebis par leur nom ; ils connaissaient sa voix et le suivaient. Les troupeaux devaient être petits et faciles à gérer, ce qui leur permettait de parcourir les collines et de disposer de suffisamment de loisirs pour lire et réfléchir. Mais quels que soient les bienfaits de la culture ovine à d'autres époques et dans d'autres pays, le berger californien, d'après ce que j'ai vu ou entendu, n'est jamais tout à fait sain d'esprit pendant un certain temps. De toutes les voix de la nature, c'est baa qui est la seule qu'il entend. Même les hurlements et les ki-yis des coyotes pourraient être des bénédictions s'ils étaient bien entendus, mais il ne les entend qu'à travers un mélange de mouton et de laine, et ils ne lui font aucun bien.

Les brebis malades se rétablissent et le berger discute des différents poisons qui tapissent ces hauts pâturages : azalée, kalmia, alcali. Après avoir traversé la fourche nord de la Merced, nous avons tourné à gauche vers Pilot Peak et avons fait une ascension considérable sur une crête rocheuse couverte de broussailles jusqu'à Brown's Flat, où pour la première fois depuis qu'il a quitté les plaines, le troupeau profite de beaucoup de verdure. herbe. M. Delaney a l'intention de chercher un camp permanent quelque part dans le quartier, pour durer plusieurs semaines.

Avant midi, nous dépassâmes Bower Cave, un délicieux palais de marbre, non pas sombre ni dégoulinant, mais rempli de soleil, qui s'y déverse par sa bouche grande ouverte tournée vers le sud. Il y a un petit lac fin, profond et clair avec des rives moussues ornées d'érables à larges feuilles, tous souterrains, totalement différent de tout ce que j'ai vu dans la ligne des grottes, même dans le Kentucky, où une grande partie de l'État est criblée de grottes. Ce curieux spécimen de paysage souterrain est situé sur une ceinture de marbre qui s'étendrait de l'extrémité nord de la chaîne jusqu'à l'extrême sud. De nombreuses autres grottes se trouvent sur la ceinture, mais aucune comme celle-ci, d'après ce que j'ai appris, combinant la luminosité extérieure ensoleillée et la végétation avec la beauté cristalline du monde souterrain. Il est revendiqué par un Français, qui l'a clôturé et verrouillé, a placé un bateau sur le lac et des sièges sur la rive moussue sous les érables, et facture un droit d'entrée d'un dollar. Étant sur l'un des chemins vers la vallée de Yosemite, de nombreux touristes la visitent pendant les mois de voyage de l'été, la considérant comme un ajout intéressant à leurs merveilles de Yosemite.

Le chêne empoisonné ou l'herbe à puce (*Rhus diversiloba*), à la fois comme buisson et comme grimpeur des arbres et des rochers, est commun dans toute la région des contreforts jusqu'à une hauteur d'au moins trois mille pieds au-dessus de la mer. Il est quelque peu gênant pour la plupart des voyageurs, enflammant la peau et les yeux, mais se mélange harmonieusement avec ses plantes compagnes, et de nombreuses fleurs charmantes s'appuient en toute confiance sur elle pour se protéger et se protéger. J'ai souvent trouvé le curieux lis volubile (*Stropholirion Californicum*) grimpant sur ses branches, ne montrant aucune peur mais plutôt une compagnie sympathique. Les moutons en mangent sans effets néfastes apparents ; les chevaux le font aussi dans une certaine mesure, bien qu'ils n'en soient pas friands, et pour beaucoup de personnes, cela est inoffensif. Comme la plupart des autres choses qui ne semblent pas utiles à l'homme, il a peu d'amis et la question aveugle : « Pourquoi a-t-il été créé ? continue encore et encore sans jamais deviner qu'il aurait pu être fait pour lui-même.

Brown's Flat est une vallée fertile peu profonde située au sommet de la frontière entre la fourche nord de la Merced et Bull Creek, offrant des vues magnifiques dans toutes les directions. Ici, le pionnier aventureux David Brown a établi son quartier général pendant de nombreuses années, partageant son temps entre la chasse à l'or et la chasse à l'ours. Où un chasseur solitaire pourrait-il trouver une meilleure solitude ? Le gibier dans les bois, l'or dans les rochers, la santé et l'exaltation dans l'air, tandis que les couleurs et les nuages du ciel sont toujours inspirants par toutes sortes de temps. Bien que très pratique, comme la plupart des pionniers, le vieux David semble avoir été particulièrement friand de paysages. M. Delaney, qui le connaissait bien, me dit qu'il aimait profondément grimper au sommet d'une crête imposante pour contempler la forêt jusqu'aux sommets enneigés et les sources des rivières, et au premier plan les vallées et les ravins pour admirer notez où les mineurs étaient au travail ou où les claims ont été abandonnés, à en juger par la fumée des cabanes et des feux de camp, le bruit des haches, etc. ; et quand un coup de fusil se faisait entendre, deviner qui était le chasseur, indien ou quelque braconnier de son vaste domaine. Son chien Sandy l'accompagnait partout, et bien le petit montagnard poilu connaissait et aimait son maître et les objectifs de son maître. Pour chasser le cerf, il n'avait pas grand-chose à faire, trottant derrière son maître alors qu'il progressait lentement à travers le bois, prenant soin de ne pas marcher lourdement sur les brindilles sèches, scrutant les endroits ouverts du chaparral, où le gibier aime se nourrir au début. le matin et vers le coucher du soleil ; scrutant prudemment par-dessus les crêtes à mesure que de nouveaux points de vue étaient atteints, et le long des bordures prairies des ruisseaux. Mais lorsque l'on chassait l'ours, la petite Sandy devint plus importante, et c'est en tant que chasseur d'ours que Brown devint célèbre. Sa méthode de chasse, telle que décrite par M. Delaney, qui avait passé de nombreuses nuits avec lui dans sa cabane isolée et appris ses histoires, consistait simplement à parcourir lentement et silencieusement les meilleurs pâturages à ours, avec son chien, son fusil et quelques livres. de farine, jusqu'à ce qu'il trouve une nouvelle trace et la suive jusqu'à la mort, sans prêter attention au temps nécessaire. Partout où l'ours allait, il le suivait, mené par la petite Sandy, qui avait un nez fin et ne perdait jamais la trace, même si le sol était rocailleux. Lorsque des points ouverts élevés étaient atteints, les endroits les plus probables étaient soigneusement scannés. La période de l'année permettait au chasseur de déterminer approximativement où l'ours se trouverait : au printemps et au début de l'été, dans des endroits dégagés au bord des ruisseaux et des lieux jaillissants, mangeant de l'herbe, du trèfle et des lupins, ou dans des prairies sèches se régalant de fraises ; vers la fin de l'été, sur les crêtes sèches, se régalant de baies de manzanita, s'asseyant sur ses hanches, arrachant avec ses pattes les branches chargées et les pressant l'une contre l'autre de manière à obtenir de bonnes bouchées compactes, même mêlées de brindilles et de feuilles ; pendant l'été indien, sous les pins, mâchant les cônes coupés par les écureuils, ou grimpant parfois à un arbre pour ronger et casser les branches fructueuses. À la fin de l'automne, lorsque les glands sont mûrs, les aires d'alimentation préférées de Bruin sont les bosquets de chênes de Californie situés dans des canons aux allures de parc. Le chasseur rusé savait toujours où chercher et tombait rarement sur Bruin par surprise. Lorsque l'odeur chaude indiqua que le jeu dangereux était proche, une longue halte fut effectuée et les subtilités de la topographie et de la végétation scrutèrent tranquillement les subtilités de la topographie et de la végétation pour apercevoir le vagabond hirsute, ou au moins pour déterminer où il était le plus susceptible de se trouver.

« Chaque fois que je voyais un ours avant qu'il ne me voie, dit le chasseur, je n'avais aucune difficulté à le tuer. J'ai juste étudié la configuration du terrain et je me suis mis sous le vent, quelle que soit la distance que je devais parcourir, puis j'ai travaillé jusqu'à quelques centaines de mètres environ, au pied d'un arbre que je pouvais facilement grimper, mais trop petit pour que l'ours puisse y grimper. Ensuite, j'ai examiné attentivement l'état de mon fusil, j'ai ôté mes bottes pour pouvoir bien grimper si nécessaire et j'ai attendu que l'ours se retourne de côté et soit bien en vue pour pouvoir assurer un coup sûr ou du moins un bon coup. Au cas où cela montrerait un combat, je suis sorti hors de portée. Mais les ours sont lents et maladroits avec leurs yeux, et étant sous leur vent, ils ne pouvaient pas me sentir, et je tirais souvent une seconde fois avant qu'ils ne remarquent la fumée. Cependant, ils courent généralement lorsqu'ils sont blessés et se cachent dans les broussailles. Je les ai laissés courir un bon moment en toute sécurité avant de me risquer à les suivre, et Sandy était presque sûre de les retrouver morts. Dans le cas contraire, il aboyait et attirait leur attention, et se précipitait parfois pour une morsure distrayante, afin que je puisse me mettre à une distance sûre pour un dernier tir. Oh oui, la chasse à l'ours est suffisamment sûre lorsqu'elle est pratiquée en toute sécurité, même si, comme toute autre activité, elle a ses accidents, et le petit toutou et moi avons eu quelques incidents évités de justesse. En général, les ours aiment se tenir à l'écart des hommes, mais si une vieille mère maigre et affamée avec ses petits rencontrait un homme sur son propre terrain, elle essaierait, à mon avis, de l'attraper et de le manger. De toute façon, ce ne serait que du fair-play, car nous les mangeons, mais à ma connaissance, personne ici n'a été utilisé pour la larve d'ours.

Brown avait quitté sa montagne avant notre arrivée, mais un nombre considérable d'Indiens Diggers s'attardent encore dans leurs huttes en écorce de cèdre au bord du plat. Ils étaient attirés en premier lieu par le chasseur blanc qu'ils avaient appris à respecter et vers qui ils cherchaient conseils et protection contre leurs ennemis les Pah Utes, qui effectuaient parfois des raids depuis le côté est de la chaîne pour piller les magasins. des Diggers relativement faibles et voler leurs femmes.

CHAPITRE II

AU CAMP SUR LA FOURCHE NORD DE LA MERCED

8 juin. Les moutons, maintenant herbeux et de bonne humeur, grignotaient lentement leur chemin vers le bas dans la vallée de la fourche nord de la Merced, au pied de Pilot Peak Ridge, jusqu'à l'endroit choisi par le Don pour notre premier camp central, un pittoresque creux en forme de trémie formé par les pentes convergentes des collines à un coude de la rivière. Ici, des étagères pour la vaisselle et les provisions étaient aménagées à l'ombre des arbres du bord de la rivière, et des parterres de frondes de fougères, de panaches de cèdre et de fleurs diverses, chacun au goût de son propriétaire, et un corral s'étendait sur le plat ouvert pour la laine. .

9 juin. Comme notre sommeil de la nuit dernière a été profond au cœur de la montagne, sous les arbres et les étoiles, silencieux par des cascades au son solennel et par de nombreuses petites voix apaisantes en doux accord murmurant la paix ! Et notre première journée pure en montagne, chaude, calme, sans nuages, comme cela semble incommensurable, comme c'est sereinement sauvage ! Je me souviens à peine de son début. Le long du fleuve, sur les collines, dans la terre, dans le ciel, les travaux printaniers se poursuivent avec un joyeux enthousiasme, une nouvelle vie, une nouvelle beauté, se déroulant, se déroulant dans une glorieuse et exubérante extravagance, de nouveaux oiseaux dans leurs nids, de nouvelles créatures ailées dans leurs nids. l'air, et de nouvelles feuilles, de nouvelles fleurs, s'étalant, brillant, se réjouissant partout.

Les arbres autour du camp sont proches, offrant suffisamment d'ombre aux fougères et aux lys, tandis qu'en arrière de la rive, la majeure partie du soleil atteint le sol, appelant les herbes et les fleurs en un magnifique alignement, de grands bromus ondulant comme des bambous, des composés étoilés, des monardelles, Tulipes mariposa, lupins, gilias, violettes, joyeux enfants de la lumière. Bientôt toutes les frondes de fougères seront déroulées, de grands massifs de ptéris communs et de woodwardia le long de la rivière, des couronnes et des rosettes de pellæa et de cheilanthes sur les rochers ensoleillés. Certaines frondes de Woodwardia mesurent déjà six pieds de haut.

Un beau petit arbuste, *Chamæbatia foliolosa* , appartenant à la famille des roses, étend un manteau jaune-vert sous les pins à sucre sur des kilomètres sans interruption, sans être mélangé ni rendu rugueux avec d'autres plantes. Seulement ici et là, on peut voir un lis de Washington hochant la tête au-dessus de sa surface plane, ou un bouquet ou deux de grands bromus comme pour l'ornement. Cet arbuste à tapis fin commence à apparaître, disons, entre 2 500 et 3 000 pieds au-dessus du niveau de la mer, atteint la hauteur du genou ou moins, a des branches brunes et les plus grandes tiges ne mesurent qu'environ un demi-pouce de diamètre. Les feuilles, vert jaune clair, trois fois pennées et finement découpées, leur donnent un riche aspect de fougère, et elles sont parsemées de minuscules glandes qui sécrètent de la cire à l'odeur particulière et agréable qui se mélange finement au parfum épicé des pins. Les fleurs sont blanches, mesurent cinq huitièmes de pouce de diamètre et ressemblent à celles du fraisier. Je suis ravie de ce petit buisson. C'est le seul véritable arbuste à tapis de cette partie de la Sierra. Le manzanita, le rhamnus et la plupart des espèces de ceanothus fabriquent des tapis hirsutes et des franges plutôt que des tapis ou des manteaux.

Les moutons n'aiment pas leurs nouveaux pâturages, peut-être parce qu'ils sont trop étroitement encerclés par les collines. Ils ne sont jamais complètement au repos. La nuit dernière, ils ont été effrayés, probablement par des ours ou des coyotes qui rôdaient et préparaient une part de la grande messe de mouton.

10 juin. Très chaud. Nous obtenons de l'eau pour le camp dans un bassin rocheux au pied d'un pittoresque tronçon en cascade de la rivière où elle est bien remuée et animée sans être battue en écume poussiéreuse. La roche ici est de l'ardoise métamorphique noire, usée en bosses lisses dans les canaux du ruisseau, contrastant avec l'eau fine en cascade grise et blanche alors qu'elle glisse, regarde et tombe en feuilles en forme de dentelle et en courants tressés qui se replient. Les touffes de carex poussant sur les bosses rocheuses qui s'élèvent au-dessus de la surface produisent un effet charmant, les longues feuilles élastiques se courbant dans toutes les directions, les pointes des plus longues tombant dans le courant, qui se divisant contre les rochers en saillie dessinent des lignes encore plus fines, unissant avec les carex pour voir à quel point le joyeux ruisseau peut être beau. Ce n'est pas tout, car la saxifrage géante pousse également sur certains des îlots rocheux, fermement ancrée et affichant ses larges feuilles rondes en forme de parapluie en groupes voyants, seules ou au-dessus des touffes de carex. Les fleurs de cette espèce (*Saxifraga peltata*) sont violettes et forment de hautes grappes glandulaires qui fleurissent avant l'apparition des feuilles. Les porte-greffes charnus agrippent la roche dans les fissures et les creux, et permettent ainsi à la plante de résister aux inondations occasionnelles, espèce marquée employée par la nature pour embellir encore plus les parties les plus intéressantes de ces ruisseaux clairs et frais. Près du camp, les arbres se courbent d'une rive à l'autre, formant un tunnel feuillu rempli d'une douce lumière tamisée, à travers lequel la jeune rivière chante et brille comme une créature vivante heureuse.

J'ai entendu quelques coups de tonnerre venant de la haute Sierra et j'ai vu de fermes cumulus blancs et autoritaires s'élever derrière les pins. C'était vers midi.

11 juin. Sur l'un des bras orientaux de la rivière, découverte de charmantes cascades avec un bassin au pied de chacune d'elles. De l'eau blanche et fringante, quelques buissons et touffes de carex sur des corniches penchées d'un bel effet, et de gros lys orange assemblés en superbes groupes sur des terreaux fertiles au bord des étangs.

Il n'y a pas de grandes prairies ou plaines herbeuses à proximité du camp pour fournir des pâturages durables à nos milliers de grignoteurs occupés. La principale dépendance est constituée de broussailles de céanothes sur les collines et de touffes d'herbe ici et là, avec des lupins et des vignes de pois parmi les fleurs sur les espaces ouverts ensoleillés. De vastes zones ont déjà été mises à nu, ou presque, obligeant les pauvres fagots de laine affamés à se disperser au loin, maintenant les bergers et les chiens à toute vitesse pour les retenir dans les limites. M. Delaney est retourné dans les plaines, emmenant avec lui l'Indien et le Chinois, laissant pour instruction de garder le troupeau ici ou dans les environs jusqu'à son retour, dont il a promis qu'il ne tarderait pas longtemps.

Comme il fait beau ! Rien de plus céleste que je puisse concevoir. Comme les vents soufflent doucement ! C'est à peine si ces courants d'air tranquilles peuvent être appelés vents. Ils semblent être le souffle même de la nature, murmurant la paix à tout être vivant. Dans le vallon du camp, la cime des arbres ne se balance pas ; la plupart du temps, pas une feuille ne bouge. Je ne me souviens pas avoir vu un seul lis se balancer sur sa tige, bien qu'ils soient si grands que la moindre brise les bercerait. Quelles grandes cloches ont ces lys ! Certains d'entre eux sont assez grands pour accueillir des bonnets d'enfants. Je les ai dessinés et j'aimerais dessiner chaque feuille de leurs larges verticilles brillants et chaque pétale courbé et tacheté. On ne peut imaginer des jardins plus beaux et mieux entretenus. L'espèce est *Lilium pardalinum* , de cinq à six pieds de haut, avec des verticilles de feuilles d'un pied de large, des fleurs d'environ six pouces de large, orange vif, tachetées de violet dans la gorge, des segments révolutés - une plante majestueuse.

12 juin. Une légère pincée de pluie : de grosses gouttes espacées les unes des autres, tombant en tapotement chaleureux sur les feuilles et les pierres et dans la bouche des fleurs. Cumuli s'élevant vers l'est. Comme ils sont beaux leurs patrons nacrés ! Comme ils s'harmonisent bien avec les roches qui gonflent sous eux. Des montagnes du ciel, d'apparence solide, finement sculptées, avec une topographie riche et variée merveilleusement définie. Jamais auparavant je n'avais vu des nuages aussi substantiels en termes de forme et de texture. Presque chaque jour, vers midi, ils se lèvent avec un mouvement de gonflement visible, comme si de nouveaux mondes étaient en train d'être créés. Et avec quelle tendresse ils couvent et survolent les jardins et les forêts avec leurs ombres et leurs douches rafraîchissantes, gardant chaque pétale et chaque feuille en bonne santé et dans un cœur joyeux. On pourrait imaginer que les nuages eux-mêmes sont des plantes, surgissant dans les champs du ciel à l'appel du soleil, grandissant en beauté jusqu'à atteindre leur apogée, dispersant la pluie et la grêle comme des baies et des graines, puis se flétrissant et mourant.

Le chêne vert des montagnes, commun ici et environ mille pieds plus haut, ressemble au chêne vert de Floride, non seulement par son aspect général, son feuillage, son écorce et son port à larges branches, mais aussi par son bois dur, noueux et non coincable. Seuls, avec beaucoup d'espace pour les coudes, les plus grands arbres mesurent environ sept à huit pieds de diamètre près du sol, soixante pieds de haut et sont aussi larges ou plus larges sur la tête. Les feuilles sont petites et indivises, pour la plupart sans dents ni bordure ondulée, bien que sur les jeunes pousses certaines soient fortement dentelées, les deux espèces se trouvant sur le même arbre. Les cupules des glands de taille moyenne sont peu profondes, à parois épaisses et recouvertes d'une poussière dorée de poils minuscules. Certains arbres n'ont pratiquement pas de tronc principal, se divisant près du sol en grandes branches largement étalées, et celles-ci, se divisant encore et encore, se terminent par de longues rameaux tombants en forme de cordon, dont beaucoup atteignent presque le sol, tandis qu'une canopée dense de rameaux feuillus courts et brillants forme une tête ronde qui ressemble à un cumulus lorsque le soleil se déverse dessus.

CAMP, FOURCHE NORD DE LA MERCED

CHÊNE VIVANT DE MONTAGNE (*Quercus chrysolepis*), HUIT PIEDS DE DIAMÈTRE

Une plante remarquable est le pavot de brousse (*Dendromecon rigidum*), que l'on trouve sur les pentes chaudes près du camp, le seul membre ligneux de l'ordre que j'ai encore rencontré au cours de toutes mes promenades. Ses fleurs sont jaune orangé vif, larges d'un pouce à deux pouces, les gousses de fruits longues de trois ou quatre pouces, minces et courbées, - des buissons d'une hauteur d'environ quatre pieds, constitués de nombreuses branches minces et droites, rayonnant à partir de la racine, - un compagnon de la manzanita et d'autres arbustes chaparral aimant le soleil.

13 juin. Une autre journée glorieuse de Sierra au cours de laquelle on semble dissous et absorbé et envoyé en avant on ne sait où. La vie ne semble ni longue ni courte, et nous ne nous soucions pas plus de gagner du temps ou de nous hâter que les arbres et les étoiles. C'est la vraie liberté, une bonne sorte d'immortalité pratique. Là-bas s'élève un autre ciel blanc. Avec quelle netteté les flèches des pins jaunes et les couronnes en forme de palmiers des pins à sucre se dessinent sur ses dômes blancs et lisses. Et écoutez ! le grand tonnerre gronde, roulant de crête en crête, suivi de la fidèle averse.

Un bon nombre de plantes herbacées viennent des plaines jusqu'aux montagnes et fleurissent maintenant, deux mois plus tard que leurs cousines des plaines. J'ai vu quelques ancolies aujourd'hui. La plupart des fougères sont dans la fleur de l'âge : fougères rocheuses sur les coteaux ensoleillés, cheilanthes, pellées, gymnogrammes ; woodwardia, aspidium, woodsia le long des berges des cours d'eau et le *Pteris aquilina commun* sur les plaines sablonneuses. Ce dernier, si commun soit-il, fait ici des démonstrations d'une beauté forte, exubérante et foisonnante, à rendre fou d'admiration le botaniste. J'en ai mesuré quelques-uns, à peine adultes, mesurant plus de sept pieds de haut. Bien qu'elle soit la plus commune et la plus répandue de toutes les fougères, je pourrais presque dire que je ne l'ai jamais vue auparavant. Les frondes aux larges épaules, tenues haut sur des tiges lisses et robustes, serrées les unes contre les autres, se penchant et se chevauchant, forment un plafond complet, sous lequel on peut marcher debout sur plusieurs acres sans être vu, comme sous un toit. Et comme la lumière est douce et agréable à travers ce plafond vivant, révélant les nervures et les nervures arquées et ramifiées des frondes comme le cadre d'innombrables carreaux de verre végétal vert pâle et jaune joliment assemblés - un pays féerique créé à partir de la fougère la plus commune. truc.

Les petits animaux errent comme dans une forêt tropicale. Je vis tout le troupeau de moutons disparaître d'un côté d'un champ et réapparaître cent mètres plus loin de l'autre, leur progression trahie seulement par les secousses et les tremblements des frondes ; et il est étrange de dire que très peu de tiges ligneuses robustes étaient cassées. Je restai longtemps assis sous les frondes les plus hautes, et je n'ai jamais rien apprécié de plus étrangement impressionnant qu'un berceau de feuilles sauvages. Il suffit d'étendre une feuille de fougère sur la tête d'un homme et les soucis du monde sont chassés, et la liberté, la beauté et la paix entrent. L'agitation d'un pin au sommet d'une montagne, une baguette magique dans la main de la nature, tout alpiniste fervent connaît son pouvoir; mais la merveilleuse beauté de ce que les Écossais appellent un breckan dans un vallon tranquille, quel poète a chanté cela ? Il semblerait impossible que quiconque, même s'il est incrusté de soins, puisse échapper à l'influence divine de ces forêts de fougères sacrées. Pourtant, ce jour même, j'ai vu un berger traverser l'un des plus beaux d'entre eux sans trahir plus d'émotion que ses brebis. « Que pensez-vous de ces grandes fougères ? J'ai demandé. "Oh, ce ne sont que de gros freins," répondit-il.

Des lézards de tous tempéraments, styles et couleurs habitent ici, apparemment aussi heureux et sociables que les oiseaux et les écureuils. Mes humbles et doux compagnons mortels, profitant du soleil de Dieu et faisant de leur mieux pour gagner leur vie, j'aime les regarder travailler et jouer. Ils se connaissent bien, et on les aime d'autant plus qu'on regarde longtemps dans leurs beaux yeux innocents. Ils s'apprivoisent facilement, et on apprend vite à les aimer, lorsqu'ils s'élancent sur les rochers chauds, rapides comme des libellules. L'œil peut à peine les suivre ; mais ils ne font jamais de longues courses soutenues, généralement seulement environ dix ou douze pieds, puis un arrêt brusque, et un redémarrage tout aussi soudain ; effectuant tous leurs voyages par des impulsions rapides et saccadées. Je trouve que ces nombreux arrêts sont nécessaires comme repos, car ils sont de courte durée et, lorsqu'ils sont poursuivis avec régularité, ils sont bientôt essoufflés, haletent pitoyablement et sont faciles à rattraper. Leurs corps sont constitués de plus d'une demi-queue, mais ces queues sont bien gérées, jamais fortement traînées ni courbées comme si elles étaient difficiles à transporter ; au contraire, ils semblent suivre le corps à la légère et selon leur propre volonté. Certains sont colorés comme le ciel, brillants comme les merles bleus, d'autres gris comme les rochers lichens sur lesquels ils chassent et se prélassent. Même le crapaud cornu des plaines est une créature douce et inoffensive, tout comme les espèces ressemblant à des serpents qui glissent dans des courbes avec un véritable mouvement de serpent, tandis que leurs petits membres non développés traînent comme des appendices inutiles. Un spécimen de quatorze pouces de long que j'ai observé de près ne faisait aucun usage de ses membres tendres et germés, mais glissait avec toute l'aisance et la grâce douces et sournoises d'un serpent. Voici un petit bonhomme gris et poussiéreux qui semble me connaître et me faire confiance, courant autour de mes pieds et levant les yeux vers mon visage avec ruse. Carlo regarde, se jette rapidement sur lui, pour le plaisir je suppose ; mais Liz s'est éloignée de ses pattes comme une flèche et est en sécurité dans les recoins d'un groupe de chaparral. Doux sauriens, dragons, descendants d'une race ancienne et puissante, le Ciel vous bénisse tous et fait connaître vos vertus ! car peu d'entre nous savent encore que des écailles peuvent recouvrir des créatures aussi douces et adorables que des plumes, des cheveux ou du tissu.

Mastodontes et éléphants vivaient ici il n'y a pas très longtemps, comme le montrent leurs os, souvent découverts par les mineurs lors du lavage des graviers aurifères. Et des ours d'au moins deux espèces sont ici maintenant, outre le lion ou la panthère de Californie, et les chats sauvages, les loups, les renards, les serpents, les scorpions, les guêpes, les tarentules ; mais on est presque parfois tenté de considérer une petite fourmi noire sauvage comme le maître de ce vaste monde montagneux. Ces diablotins errants, intrépides et agités, bien que mesurant seulement environ un quart de pouce de long, aiment plus se battre et mordre que n'importe quelle bête que je connais. Ils attaquent tout être vivant autour de leur maison, souvent sans raison, à ma connaissance. Leurs corps sont pour la plupart constitués de mâchoires courbées comme des crochets à glace, et trouver du travail pour ces armes semble être leur principal objectif et plaisir. La plupart de leurs colonies sont établies dans des chênes vivants quelque peu pourris ou creusés, dans lesquels ils peuvent facilement construire leurs cellules. Ceux-ci sont probablement choisis en raison de leur force, par opposition aux attaques des animaux et des tempêtes. Ils travaillent jour et nuit, se faufilent dans des grottes sombres, grimpent aux arbres les plus hauts, errent et chassent dans des ravins frais ainsi que sur des crêtes chaudes et sans ombre, et étendent leurs routes et chemins sur tout sauf l'eau et le ciel. Depuis les contreforts jusqu'à un mile au-dessus du niveau de la mer, rien ne peut bouger à leur insu ; et les alarmes se propagent en un temps incroyablement court, sans aucun hurlement ni cri que nous puissions entendre. Je ne comprends pas la nécessité de leur courage féroce ; il ne semble y avoir aucun bon sens là-dedans. Parfois, sans doute, ils se battent pour défendre leurs foyers, mais ils se battent partout et toujours là où ils trouvent quelque chose à mordre. Dès qu'un point vulnérable est découvert chez l'homme ou l'animal, ils se dressent sur la tête et enfoncent leurs mâchoires, et bien que déchirés membre par membre, ils s'accrochent et meurent en mordant plus profondément. Quand je contemple cette créature féroce si largement répandue et si fortement implantée, je vois qu'il reste beaucoup à faire avant que le monde ne soit soumis à la règle de la paix et de l'amour universels.

En me rendant au camp il y a quelques minutes, j'ai croisé un pin mort de près de dix pieds de diamètre. Il a été enveloppé de feu de haut en bas, de sorte qu'il ressemble maintenant à un grand pilier noir érigé en monument. Dans ce noble puits, une colonie de grandes fourmis noires de jais s'est établie, creusant laborieusement des tunnels et des cellules à travers le bois, qu'il soit sain ou pourri. Le tronc tout entier semble avoir été alvéolé, à en juger par la taille des talus de copeaux rongés comme de la sciure de bois entassés autour de sa base. Ils sont plus intelligents que leurs petits frères belliqueux et au parfum fort, et ont de meilleures manières, bien qu'ils soient prompts à se battre lorsque cela est nécessaire. Leurs villes sont taillées dans des troncs tombés aussi bien que dans ceux laissés debout, mais jamais dans des arbres sains et vivants ni dans le sol. Lorsque vous vous asseyez pour vous reposer ou prendre des notes près d'une colonie, un chasseur errant est sûr de vous trouver et de s'avancer prudemment pour découvrir la nature de l'intrus et ce qui doit être fait. Si vous n'êtes pas trop près de la ville et que vous restez parfaitement immobile, il peut courir plusieurs fois sur vos pieds, sur vos jambes, vos mains et votre visage, sur votre pantalon, comme pour prendre votre mesure et avoir une vue d'ensemble, alors partez en paix sans lever le pied. une alarme. Mais si un endroit tentant lui est proposé ou si un mouvement suspect l'excite, une morsure s'ensuit, et quelle morsure ! Je crois qu'une morsure d'ours ou de loup n'est pas comparable à cela. Une rapide flamme électrique de douleur jaillit le long des nerfs indignés et vous découvrez pour la première fois quelle est la capacité de sensation que vous possédez . Un cri, une saisie pour l'animal et un regard ahuri suivent cette morsure alors que l'on revient à la conscience après une éclipse soudaine. Heureusement, si l'on fait attention, il n'est pas nécessaire de se faire mordre plus d'une ou deux fois dans sa vie. Cette merveilleuse espèce électrique mesure environ trois quarts de pouce de long. Les ours en raffolent, déchirent et rongent les bûches de leur maison, et dévorent grossièrement les œufs, les larves, les fourmis mères et le bois pourri ou sain des cellules, le tout dans un hachis acide épicé. Les Indiens Diggers aiment aussi les larves et même les fourmis parfaites, ainsi m'ont dit de vieux montagnards. Ils mordent et rejettent la tête, et mangent le corps acide et chatouilleux avec un goût vif. Ainsi sont mordus les pauvres mordeurs, comme tous les autres mordeurs, grands ou petits, de la grande famille du monde.

Il existe également une espèce rouge fine, active et intelligente, de taille intermédiaire entre les précédentes. Ils habitent dans le sol et construisent de grands tas de coques de graines, de feuilles, de paille, etc. au-dessus de leurs nids. Leur nourriture semble être principalement composée d'insectes et de feuilles, de graines et de sève de plantes. Combien de bouches la nature doit remplir, combien de voisins nous avons, combien nous savons peu de choses à leur sujet et combien rarement nous nous gênons les uns les autres ! Pensez ensuite au nombre infini de compagnons mortels plus petits, invisiblement petits, en comparaison desquels les plus petites fourmis sont comme des mastodontes.

14 juin. Les bassins situés au-dessous des chutes et des cascades, formés par les forts courants plongeants, sont maintenus bien propres et exempts de détritus. Les parties les plus lourdes des matériaux balayés par les chutes s'entassent à faible distance devant les bassins sous forme de barrage, tendant ainsi, avec l'érosion, à en augmenter la taille. Des changements soudains se produisent cependant lors des crues printanières, lorsque la neige fond et que les affluents supérieurs rugissent bruyamment de « rive en brae ». Alors les rochers tombés dans les canaux et que les courants ordinaires d'été et d'hiver n'ont pas pu déplacer, sont soudainement balayés vers l'avant comme par un puissant balai, jetés par-dessus les chutes dans ces bassins et entassés dans un nouveau barrage avec une partie. de l'ancien, tandis que certains des plus petits rochers sont transportés plus en aval et logés différemment selon leur taille et leur forme, tous cherchant du repos là où la force du courant est inférieure à la résistance qu'ils sont capables d'offrir. Mais les plus grands changements apportés dans ces relations entre chute, mare et barrage sont causés, non pas par les crues printanières ordinaires, mais par des crues extraordinaires qui se produisent à intervalles irréguliers. Les témoignages d'arbres poussant sur les dépôts de blocs de crue montrent qu'un siècle ou plus s'est écoulé depuis que la dernière crue principale est venue réveiller tout ce qui était mobile pour partir tourbillonner et danser dans de merveilleux voyages. Ces inondations peuvent se produire pendant l'été, lorsque de violents averses d'orage, appelées « rafales de nuages », tombent sur de larges bassins de cours d'eau fortement inclinés, sillonnés par des canaux convergents, qui rassemblent soudainement les eaux dans le tronc principal en torrents retentissants d'énormes transports. pouvoir, bien que de courte durée.

L'un de ces anciens rochers de crue se dresse fermement au milieu du chenal du ruisseau, juste en dessous du bord inférieur du barrage de la piscine, au pied de la chute la plus proche de notre camp. Il s'agit d'une masse presque cubique de granit d'environ huit pieds de haut, recouverte de mousse sur le dessus et sur les côtés jusqu'à la ligne des hautes eaux ordinaire. Quand je suis monté dessus aujourd'hui et que je me suis allongé pour me reposer, cela m'a semblé l'endroit le plus romantique que j'aie jamais trouvé - la seule grande pierre avec son sommet moussu et ses côtés lisses, debout, carrée, ferme et solitaire, comme un autel, la chute devant lui le baignant légèrement avec le plus fin des embruns, juste assez pour garder sa couverture de mousse fraîche ; en bas, l'étang d'un vert clair, avec ses cloches d'écume et son demi-cercle de lys penchés en avant comme une bande d'admirateurs, et des cornouillers en fleurs et des aulnes penchés sur le tout en arceaux tamisés par le soleil. Comme il fait frais et reposant sous ce plafond verdoyant et translucide, et comme la musique de l'eau est délicieuse - les basses profondes de l'automne, les embruns heurtés et résonants et la variété infinie de petits tons graves du courant glissant le long du bord de l'eau. l'île aux rochers, et scintillant contre mille pierres plus petites en bas du canal de fougères ! Tout cela enfermé ; chacune de ces influences agissant à courte distance comme dans une pièce calme. Le lieu semblait saint, où l'on pouvait espérer voir Dieu.

La nuit tombée, quand le camp était au repos, je retournai à tâtons jusqu'au rocher de l'autel et passai la nuit dessus, - au-dessus de l'eau, sous les feuilles et les étoiles, - tout est encore plus impressionnant que de jour, la chute est vaguement vue. blanche, chantant la vieille chanson d'amour de la nature avec un enthousiasme solennel, tandis que les étoiles scrutant à travers le toit de feuilles semblaient se joindre au chant de l'eau blanche. Nuit précieuse, jour précieux pour demeurer en moi pour toujours. Merci à Dieu pour ce don immortel.

15 juin . Encore une matinée revigorante. Sur les longues pentes des montagnes, les rayons du soleil se déversent, dorant les pins qui s'éveillent, réjouissant chaque aiguille, remplissant de joie chaque être vivant. Les merles chantent dans les bosquets d'aulnes et d'érables, le même vieux chant qui a égayé et adouci d'innombrables saisons sur presque tout notre continent béni. Dans ce creux de montagne, ils semblent aussi à l'aise que dans les vergers des agriculteurs. Le Loriot de Bullock et le Tangara de Louisiane sont également présents, ainsi que de nombreuses parulines et autres petits troubadours des montagnes, pour la plupart désormais occupés à leurs nids.

Découverte d'un autre magnifique spécimen de chêne goldcup de six pieds de diamètre, d'un épicéa de Douglas de sept pieds et d'un lis volubile (*Stropholirion*), avec une tige de huit pieds de long et soixante fleurs roses.

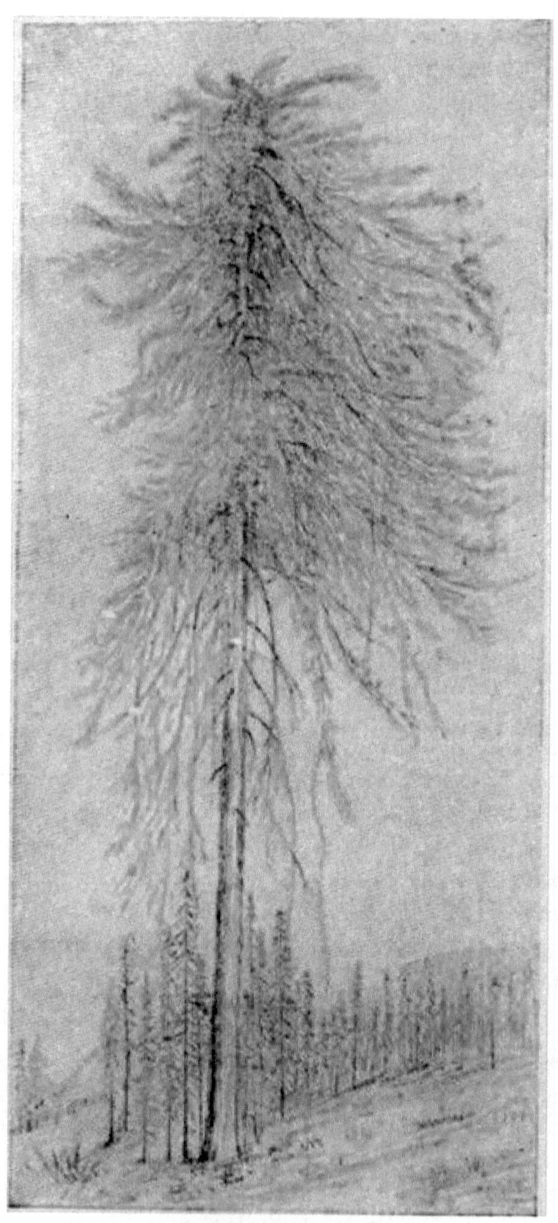

PIN À SUCRE

Les pommes de pin à sucre sont cylindriques, légèrement effilées à leur extrémité et arrondies à la base. J'en ai trouvé un aujourd'hui, mesurant près de vingt-quatre pouces de long et six de diamètre, les écailles étant ouvertes. Un autre spécimen de dix-neuf pouces de long ; la longueur moyenne des cônes adultes sur les arbres favorablement situés est de près de dix-huit pouces. Sur le bord inférieur de la ceinture, à une hauteur d'environ vingt-cinq cents pieds au-dessus de la mer, ils sont plus petits, disons d'un pied à quinze pouces de long, et à une hauteur de sept mille pieds ou plus près des limites supérieures de sa croissance en dans la région de Yosemite, ils ont à peu près la même taille. Cet arbre noble est une étude inépuisable et une source de plaisir. Je ne me lasse jamais de contempler ses grands cônes en forme de gland, son fût parfaitement rond de cent pieds ou plus sans membre, la belle couleur violacée de son écorce et ses magnifiques bras plumeux courbés vers le bas formant une couronne toujours audacieuse et frappante et exaltant. Par son port et son port général, il ressemble un peu à un palmier, mais aucun palmier que j'ai jamais vu n'affiche une telle majesté de forme et de comportement, que ce soit lorsqu'il est posé, silencieux et pensif au soleil, ou bien éveillé, ondulant dans les vents de tempête avec chaque aiguille frémissant. Lorsqu'il est jeune, il est de forme très droite et régulière comme la plupart des autres conifères ; mais vers l'âge de cinquante ou cent ans, il commence à acquérir une individualité, de sorte qu'il n'y en a pas deux pareils dans la fleur de l'âge ou dans la vieillesse. Chaque arbre appelle une admiration particulière. J'ai fait de nombreux croquis et je regrette de ne pas pouvoir dessiner toutes les aiguilles. On dit qu'il atteint une hauteur de trois cents pieds, bien que le plus haut que j'ai mesuré soit en deçà de cette stature de soixante pieds ou plus. Le diamètre du plus grand près du sol est d'environ dix pieds, même si j'ai entendu parler d'une épaisseur de douze pieds, voire quinze. Le diamètre est maintenu à une grande hauteur, la conicité étant presque imperceptiblement progressive. Son compagnon, le pin jaune, est presque aussi grand. Le long feuillage argenté des spécimens plus jeunes forme de magnifiques brosses cylindriques sur les pousses supérieures et les extrémités des branches retournées, et lorsque le vent balance les aiguilles dans un sens selon un certain angle, chaque arbre devient une tour de feu solaire blanc frémissant. Eh bien, cette espèce brillante peut être appelée le pin argenté. Les aiguilles mesurent parfois plus d'un pied de long, presque aussi longues que celles du pin à longues feuilles de Floride. Mais bien qu'en taille le pin jaune égale presque le pin à sucre et qu'il semble le surpasser en termes de résistance et de robustesse, il est beaucoup moins marqué dans son port et son expression générale, avec sa flèche conventionnelle régulière et ses cônes relativement petits regroupés rigidement parmi les aiguilles. S'il n'y avait pas de pin à sucre, celui-ci serait alors le roi des quatre-vingt ou quatre-vingt-dix espèces du monde, la plus brillante de la multitude brillante, ondulante et adoratrice. S'ils n'étaient que de simples sculptures mécaniques, quels nobles objets ils seraient encore ! Combien plus palpitants, passionnants, débordants, pleins de vie dans chaque fibre et chaque cellule, de grands bâtons d'argent brillants - les dieux mêmes du règne végétal, vivant leur vie sublime d'un siècle en vue du ciel, observés, aimés et admirés de génération en génération. génération! Et combien d'autres arbres solaires résineux et rayonnants se trouvent ici et plus haut : libocédrus, épicéa de Douglas, sapin argenté, séquoia. Quelle richesse notre héritage dans ces montagnes bénies, ces pâturages arborés vers lesquels nos regards se tournent !

Vient maintenant le coucher du soleil. L'Occident est une gloire de couleurs qui transfigurent tout. Tout en haut de la crête de Pilot Peak, la radieuse foule d'arbres se tient silencieusement et pensivement, recevant le bonne nuit du soleil, un adieu aussi solennel et impressionnant que si le soleil et les arbres ne se rencontraient plus. La lumière du jour s'estompe, le charme des couleurs est rompu et la forêt respire librement dans la brise nocturne sous les étoiles.

16 juin. Un des Indiens de Brown's Flat est arrivé ce matin en plein milieu du camp, sans être remarqué. J'étais assis sur une pierre, je parcourais mes notes et mes croquis, et, levant les yeux, je fus surpris de le voir se tenant sombre et silencieux à quelques pas de moi, aussi immobile et taché par les intempéries qu'une vieille souche d'arbre qui avait est resté là pendant des siècles. Tous les Indiens semblent avoir appris cette merveilleuse façon de marcher sans être vus, en se rendant invisibles comme certaines araignées que j'ai observées ici, et qui, en cas d'alarme, causée par exemple par un oiseau se posant sur le buisson, leurs toiles s'étendent sur elles. , rebondissent immédiatement de haut en bas sur leurs fils élastiques si rapidement que seul un flou est visible. Le pouvoir sauvage des Indiens d'échapper aux observations, même là où il y a peu ou pas de couverture pour se cacher, a probablement été lentement acquis au cours de dures leçons de chasse et de combat alors qu'ils tentaient d'approcher le gibier, de prendre les ennemis par surprise ou de s'enfuir en toute sécurité lorsqu'ils étaient obligés de battre en retraite. Et cette expérience transmise à travers de nombreuses générations semble enfin être devenue ce qu'on appelle vaguement l'instinct.

Comme la surface des montagnes qui nous entourent semble lisse et immuable ! On ne trouve guère de piste hors de portée des moutons, sauf dans de petits endroits ouverts sur les rives des ruisseaux, ou là où les tapis forestiers sont minces ou manquant. Sur la plus lisse de ces bandes et parcelles ouvertes, on peut voir des traces de cerfs et de grandes empreintes suggestives d'ours, qui, avec celles de nombreux petits animaux, sont assez rares pour répondre comme une sorte de léger point ou broderie ornementale. Le long des crêtes principales et des bras les plus larges de la rivière, on peut tracer des sentiers indiens, mais ils ne sont pas aussi distincts qu'on pourrait s'y attendre. Personne ne sait combien de siècles les Indiens ont parcouru ces bois, probablement un grand nombre, bien au-delà de l'époque où Colomb a touché nos côtes, et il semble étrange que des marques plus lourdes n'aient pas été faites. Les Indiens marchent doucement et ne nuisent guère plus au paysage que les oiseaux et les écureuils, et leurs huttes de broussailles et d'écorce ne durent guère plus longtemps que celles des rats des bois, tandis que leurs monuments plus durables, à l'exception de ceux forgés dans les forêts par les incendies qu'ils ont allumés pour améliorer leur terrains de chasse, disparaissent en quelques siècles.

Comme la plupart de celles de l'homme blanc sont différentes, en particulier dans la région aurifère inférieure : des routes creusées dans la roche solide, des ruisseaux sauvages endigués et domptés et détournés de leurs canaux et conduits le long des flancs des canons et des vallées pour travailler dans des mines comme des esclaves. Traversant de crête en crête, haut dans les airs, sur de longs tréteaux à cheval comme s'il coulait sur des échasses, ou descendant et remontant à travers vallées et collines, emprisonné dans des tuyaux de fer pour frapper et laver des collines et des kilomètres de peau de face de la montagne, remuant, dépouillant chaque ravin et plat d'or. Ce sont les marques que l'homme blanc a laissées au cours de quelques années fébriles, sans parler des moulins, des champs, des villages, disséminés sur des centaines de kilomètres le long du flanc de la chaîne. Il faudra beaucoup de temps avant que ces marques ne soient effacées, même si la nature fait ce qu'elle peut, replantant, jardinant, balayant les vieux barrages et les canaux, nivelant les tas de graviers et de rochers, essayant patiemment de guérir chaque cicatrice brute. La principale tempête d'or est terminée. Les vieux mineurs gris, assez calmes, gagnent leur vie dans des décharges ici et là. Des explosions souterraines tonitruantes continuent d'alimenter les broyeurs de quartz, mais leur influence sur le paysage est légère en comparaison de celle des tempêtes à la pioche et à la pelle qui ont eu lieu il y a quelques années. Heureusement pour le paysage de la Sierra, les ardoises aurifères sont pour la plupart limitées aux contreforts. La région autour de notre camp est encore sauvage et, plus haut, la neige est aussi impraticable que le ciel.

Seules quelques collines et dômes de nuages ont été construits hier et aucun aujourd'hui. La lumière est particulièrement blanche et fine, bien qu'agréablement chaude. La sérénité de ce climat montagnard au printemps, au moment où les pulsations de la nature battent à leur plus fort, est l'un de ses plus grands charmes. Il n'y a qu'une brise modérée provenant des sommets de la chaîne la nuit, et une légère respiration venant de la mer et des collines et plaines des basses terres pendant la journée, ou un calme si complet qu'aucune feuille ne bouge. Les arbres des environs n'ont que peu d'histoire du vent à raconter.

Les moutons, comme les humains, sont ingérables lorsqu'ils ont faim. À l'exception de mes jardins de lys gardés, presque toutes les feuilles que ces criquets ongulés peuvent atteindre dans un rayon d'un mile ou deux du camp ont été dévorées. Même les buissons sont dépouillés, et malgré les chiens et les bergers, les moutons se dispersent à tous les points de l'horizon et disparaissent dans la poussière. Je crains que certains ne soient perdus, car l'un des seize noirs manque à l'appel.

17 juin. J'ai compté les paquets de laine ce matin alors qu'ils rebondissaient par l'étroite porte du corral. Il en manque environ trois cents, et comme le berger ne pouvait pas aller les chercher, j'ai dû y aller. J'ai attaché une croûte de pain à ma ceinture et je suis parti avec Carlo vers les pentes supérieures de Pilot Peak Ridge, et j'ai passé une bonne journée, malgré le soin de rechercher les idiots en fuite. Je suis sorti chercher de la laine et je ne suis pas revenu tondu. Une lumière particulière tournait autour de l'horizon, blanche et fine comme celle souvent observée au-dessus de la couronne aurorale, se fondant dans le bleu du ciel supérieur. Les seuls nuages étaient constitués de quelques légers dessins au crayon, comme de la soie peignée. J'ai poussé directement jusqu'à la limite de l'aire de répartition habituelle du troupeau, et je l'ai contourné jusqu'à ce que je trouve la piste de sortie des vagabonds. Il menait loin en haut de la crête dans un endroit ouvert entouré d'une végétation ressemblant à une haie de ceanothus chaparral. Carlo savait ce que je faisais et a suivi l'odeur avec impatience jusqu'à ce que nous arrivions à eux, blottis en un groupe timide et silencieux. Ils étaient visiblement restés ici toute la nuit et toute la matinée, craignant de sortir pour se nourrir. Ayant échappé à la contrainte, ils avaient, comme certaines personnes que nous connaissons, peur de leur liberté, ne savaient qu'en faire et semblaient heureux de retrouver le vieil esclavage familier.

18 juin. Encore une matinée inspirante, rien de mieux ne peut être conçu dans aucun monde. Aucune description du Ciel que j'ai jamais entendue ou lue ne semble à moitié aussi belle. A midi, les nuages occupaient environ 0,05 du ciel, des touches de film blanc délicatement dessinées sur l'azur.

Les hautes crêtes et les sommets des collines au-delà des criquets laineux sont désormais recouverts de monardelles, de clarkias, de coréopsis et de hautes herbes touffues, dont certaines sont assez hautes pour onduler comme des pins. Les lupins, dont il existe de nombreuses espèces mal définies, sont maintenant pour la plupart hors de leurs fleurs, et beaucoup de composés commencent à se faner, leurs corolles rayonnantes disparaissant dans des pappus duveteux comme des étoiles dans la brume.

Nous avons reçu aujourd'hui une autre visite de Brown's Flat, une vieille femme indienne avec un panier sur le dos. Comme notre premier visiteur du village, elle est entrée dans le camp et se tenait bien en vue lorsqu'elle a été découverte. Depuis combien de temps elle regardait tranquillement, je ne peux pas le dire. Même les chiens n'ont pas remarqué son approche furtive. Elle se rendait, je suppose, dans un jardin sauvage, probablement pour chercher des feuilles et des porte-greffes de lupin et de saxifrage féculent. Sa robe était en chiffons de calicot, loin d'être propre. En tous points de vue, elle semblait tristement différente des animaux bien habillés de la nature, même si elle vivait comme eux dans la générosité du désert. Il est étrange que l'humanité seule soit sale. Si elle avait été vêtue de fourrure ou de tissu tissé d'herbe ou d'écorce déchiquetée, comme les nattes de genévrier et de libocedrus, elle aurait alors pu sembler faire légitimement partie du désert ; comme un bon loup au moins, ou un bon ours. Mais d'aucun point de vue que j'ai trouvé, des êtres aussi avilis ne sont un peu plus naturels que les touristes criards et taillés que nous avons vus et qui effrayaient les oiseaux et les écureuils.

19 juin. Un pur soleil toute la journée. Comme un rocher est beau à cause des ombres des feuilles ! Ceux du chêne vert sont particulièrement clairs et distincts, et au-delà de tout art dans la grâce et la délicatesse, tantôt immobiles comme peints sur la pierre, tantôt glissant doucement comme s'ils avaient peur du bruit, tantôt dansant, valsant dans des tourbillons rapides et joyeux, ou sautant sur et sur les rochers ensoleillés en traits rapides comme des broderies de vagues sur les falaises du bord de mer. Comme cette beauté d'ombre est vraie et substantielle, et avec quelle extravagance sublime la beauté ainsi multipliée ! Les grands lys orange sont désormais parés dans toute leur splendeur de feuilles et de fleurs. Des plantes nobles, en parfaite santé, chéries de la nature.

20 juin. Certains moutons idiots se sont retrouvés pris dans un enchevêtrement de chaparral ce matin, comme des mouches dans une toile d'araignée, et ont dû être secourus. Carlo les a trouvés et a essayé de les chasser du piège par le moyen le plus simple. Combien les chiens intelligents sont bien au-dessus des moutons ! Aucun ami et assistant ne peut être plus affectueux et constant que Carlo. Le noble Saint-Bernard est un honneur pour sa race.

L'air est distinctement parfumé de baume, de résine et de menthe, chaque respiration étant un cadeau pour lequel nous pouvons bien remercier Dieu. Qui pourrait jamais deviner qu'un désert aussi rude puisse être pourtant si beau, si plein de bonnes choses. On a l'impression d'être dans un majestueux pavillon en forme de dôme dans lequel se joue une grande pièce de théâtre avec décors, musique et encens, tous les meubles et l'action étant si intéressants que nous ne risquons pas d'être appelés à endurer un moment d'ennui. Dieu lui-même semble toujours faire de son mieux ici, travaillant comme un homme avec enthousiasme.

21 juin. Déambulation le long de la rivière jusqu'à mes jardins de lys. La perfection de la beauté de ces lys du désert est une source inépuisable d'admiration et d'émerveillement. Leurs rhizomes sont enchâssés dans la moisissure noire accumulée dans les creux des ardoises métamorphiques au bord des bassins, où ils sont bien arrosés sans être soumis à l'action des crues.

Chaque feuille dans les verticilles plats autour des hautes tiges polies est aussi finement finie que les pétales, et la lumière et la chaleur nécessaires pour elles sont mesurées et tempérées en passant à travers les branches des arbres trop penchés. Quelle que soit la force des vents provoqués par les pluies torrentielles de midi, ils sont solidement abrités. De beaux tapis d'hypnum bordés de fougères s'étendent en dessous, de violettes aussi et de quelques marguerites. Tout autour d'eux était doux et frais comme eux.

Aujourd'hui, Cloudland n'est qu'une montagne blanche et solitaire ; mais il est tellement enrichi de soleil et d'ombre que les tons de couleur sur sa grosse tête en forme de dôme et ses crêtes autoritaires et saillantes, ainsi que dans les creux et les ravins qui les séparent, sont d'une finesse ineffable.

22 juin. Exceptionnellement nuageux. Outre les cumulus périodiques porteurs d'averses, il y a un mince nuage diffus ressemblant à du brouillard au-dessus. Environ 0,75 en tout.

23 juin. Oh, ces journées de montagne vastes, calmes, sans mesure, incitant à la fois au travail et au repos ! Des jours à la lumière desquels tout semble également divin, ouvrant mille fenêtres pour nous montrer Dieu. Jamais plus, même fatigué, ne s'évanouira en chemin celui qui gagne les bénédictions d'une journée en montagne ; quel que soit son destin, longue vie, courte vie, orageuse ou calme, il est riche pour toujours.

24 juin. Notre allocation habituelle de nuages et de tonnerre. Le berger Billy a des ennuis à propos des moutons ; il déclare qu'ils sont possédés par plus du mal que n'importe quel autre troupeau depuis le début de l'invention du mouton et de la laine jusqu'à leur dernier lot. Peu importe le nombre de disparus, il ne fera pas un pas pour les rechercher, car, comme il le raisonne, en récupérant un voyageur, il en perdrait probablement dix. La chasse aux fugues doit donc être celle de Carlo et la mienne. Jack, le petit chien de Billy, crée également des ennuis en quittant le camp tous les soirs pour rendre visite à ses voisins en haut de la montagne, à Brown's Flat. C'est un chien d'apparence commune, sans race particulière, mais extrêmement entreprenant en amour et en guerre. Il a coupé toutes les cordes et les lanières de cuir avec lesquelles il était attaché, jusqu'à ce que son maître, désespéré, après avoir escaladé encore et encore la montagne broussailleuse pour le traîner en arrière, l'a attaché avec une perche attachée à son collier sous son menton à une extrémité, et à un gros jeune arbre de l'autre. Mais la perche donnait un bon effet de levier, et en la tournant constamment pendant la nuit, l'attache à l'extrémité du jeune arbre était irritée, et il partit pour son voyage habituel, traînant la perche à travers les broussailles, et atteignit la colonie indienne en toute sécurité. Son maître le suivit et, sans ménagement, le frappa et jura en mauvais termes que le lendemain soir, il « soignerait ce chiot entiché » en l'ancrant sans pitié au lourd couvercle en fonte de notre faitout, pesant à peu près autant. comme le chien. Il était attaché directement à son col, jusqu'au niveau du menton, de sorte que le pauvre garçon semblait incapable de bouger. Il resta découragé jusqu'à la tombée de la nuit, incapable de regarder autour de lui, ni même de s'allonger à moins de s'étendre avec ses pattes avant sur le couvercle et sa tête fermée entre ses pattes. Avant le matin, cependant, on entendit Jack très haut hurler Excelsior, malgré l'ancre en fonte du contraire. Il devait marcher, ou plutôt grimper, debout sur ses pattes de derrière, serrant le lourd couvercle comme un bouclier contre sa poitrine, condition redoutable à toute épreuve pour affronter ses rivaux. La nuit suivante, le chien, le couvercle de la marmite et tout le reste furent attachés dans un vieux pouf, et c'est ainsi que Billy, en colère, remporta enfin la victoire. Juste avant de quitter la maison, Jack a été mordu à la mâchoire inférieure par un serpent à sonnette, et pendant environ une semaine, sa tête et son cou étaient enflés jusqu'à plus du double de la taille normale ; néanmoins il courait toujours aussi vif et vif, et il est maintenant complètement rétabli. Le seul traitement qu'il a reçu était du lait frais – un gallon ou deux à la fois, versé de force dans sa gorge douloureuse et empoisonnée.

25 juin. Bien qu'il ne s'agisse que d'un camp de moutons, ce grand creux de montagne est mon chez-moi, mon doux foyer, chaque jour de plus en plus doux, et je serai désolé de le quitter. Les jardins de lys sont encore à l'abri du piétinement des troupeaux. Pauvres créatures poussiéreuses, en haillons et affamées, je les plains de tout cœur. Ils doivent parcourir plusieurs kilomètres chaque jour pour rassembler leurs quinze ou vingt tonnes de chaparral et d'herbe.

26 juin. Le cornouiller fleuri de Nuttall fait un beau spectacle lorsqu'il est en fleur. L'arbre entier est alors blanc comme neige. Les involucres mesurent six à huit pouces de large. Le long des cours d'eau, c'est un arbre de bonne taille, haut de trente à cinquante pieds, avec une tête large lorsqu'il n'est pas encombré de compagnons. Ses involucres voyants attirent une foule de papillons de nuit, de papillons et d'autres personnes ailées pour leur propre avantage et, je suppose, pour celui de l'arbre. Il aime beaucoup d'eau fraîche et est un grand buveur comme l'aulne, le saule et le peuplier, et s'épanouit mieux sur les berges des ruisseaux, bien qu'il erre souvent loin des ruisseaux dans des vallons humides et ombragés sous les pins, où il est beaucoup plus petit. Lorsque les feuilles mûrissent à l'automne, elles deviennent plus belles que les fleurs, affichant de charmants tons de rouge, violet et lavande. Une autre espèce pousse en abondance sous forme d'arbuste chaparral sur les flancs ombragés des collines, probablement *Cornus sessilis* . Les feuilles sont mangées par les moutons. — J'ai entendu quelques éclairs au loin, avec des réverbérations de grondements et de marmonnements.

27 juin. Le noisetier à bec (*Corylus rostrata* , var. *Californica*) est commun sur les pentes fraîches jusqu'au sommet de la crête de Pilot Peak. Il y a quelque chose de particulièrement attrayant dans le noisetier, comme les chênes et les bruyères des pays frais de nos ancêtres, et c'est à travers eux que notre amour pour ces plantes s'est, je suppose, transmis. Cette espèce mesure quatre ou cinq pieds de haut, ses feuilles sont douces et velues, reconnaissantes au toucher, et les délicieuses noix sont avidement cueillies par les Indiens et les écureuils. Le ciel comme d'habitude orné de nuages blancs de midi.

28 juin. Été chaud et doux. Les rayons du soleil font vibrer tous les nerfs. Les nouvelles aiguilles des pins et des sapins sont presque complètement développées et brillent glorieusement. Des lézards scintillent sur les roches chaudes ; certains qui vivent près du camp sont à moitié apprivoisés. Ils semblent attentifs à chaque mouvement de notre part, comme s'ils étaient curieux de simplement regarder sans soupçonner de mal, tournant la tête pour regarder en arrière et faisant une variété de jolis gestes. Créatures douces et naïves avec de beaux yeux, je serai désolé de les quitter lorsque nous quitterons le camp.

29 juin. J'ai fait la connaissance d'un petit oiseau très intéressant qui vole autour des chutes et des rapides des principaux bras de la rivière. Ce n'est pas un oiseau aquatique, bien qu'il vive dans l'eau et ne quitte jamais les cours d'eau. Il n'a pas de palmipèdes, mais il plonge sans crainte dans les rapides profonds et tourbillonnants, évidemment pour se nourrir au fond, utilisant ses ailes pour nager sous l'eau, tout comme le font les canards et les huards. Parfois, il patauge dans des endroits peu profonds, enfonçant la tête de temps en temps d'une manière saccadée, hochant la tête et fringante qui ne manquera pas d'attirer l'attention. Il a à peu près la taille d'un merle, a des ailes courtes et nettes utiles pour voler dans l'eau ou dans les airs, et une queue de taille modérée inclinée vers le haut, ce qui lui donne, avec ses manières hochant la tête et s'agitant, un aspect tordu. Sa couleur est cendrée bleuâtre unie, avec une teinte brune sur la tête et les épaules. Il vole d'automne en automne, de rapide en rapide, avec un solide vrombissement de battements d'ailes comme ceux d'une caille, suit les méandres du ruisseau et se pose généralement sur un rocher dépassant du courant, ou sur un accroc échoué. , ou rarement sur la branche sèche d'un arbre en surplomb, se perchant comme des oiseaux arboricoles ordinaires quand cela lui convient. Il a les manières de hacher les plus étranges et les plus délicates imaginables ; et le petit bonhomme sait chanter aussi, une chanson douce, rauque, flûtée, plutôt basse, pas la moins bruyante, et beaucoup moins aiguë et accentuée que sa vigoureuse vivacité ne le laisserait supposer. Quelle vie romantique ce petit oiseau mène sur les plus belles portions de ruisseaux, dans un climat agréable avec de l'ombre, de l'eau fraîche et des embruns pour tempérer la chaleur estivale. Pas étonnant qu'il soit un excellent chanteur, compte tenu des chansons diffusées en continu qu'il entend jour et nuit. Chaque souffle que le petit poète tire fait partie d'une chanson, car tout l'air autour des rapides et des chutes est battu en musique, et ses premières leçons doivent commencer avant qu'il ne naisse par le frémissement et le frémissement des œufs à l'unisson avec les tons de les cascades. Je n'ai pas encore trouvé son nid, mais il doit être près des ruisseaux, car il ne les quitte jamais.

30 juin. Mi-nuageux, mi-ensoleillé, nuages d'un blanc brillant. Les grands pins rassemblés au sommet de Pilot Peak Ridge ressemblent à des miniatures de six pouces superbement dessinées sur le ciel satiné. Nébulosité moyenne pour la journée d'environ 0,25. Pas de pluie. Et ainsi se termine ce mois mémorable, un flux de beauté incommensurable, qui ne peut pas plus être séparé par l'arithmétique de l'almanach que le rayonnement du soleil ou les courants des mers et des rivières - un flux de beauté paisible et joyeux. Chaque matin, surgissant de la mort du sommeil, les plantes heureuses et tous nos semblables animaux, grands et petits, et même les rochers, semblaient crier : « Réveillez-vous, réveillez-vous, réjouissez-vous, réjouissez-vous, venez nous aimer et rejoignez notre chant. . Viens! Viens!" En regardant en arrière, à travers le calme, la beauté et la paix romantiques et enchanteresses du bosquet du camp, ce mois de juin semble le plus grand de tous les mois de ma vie, le plus véritablement, le plus divinement libre, sans limites comme l'éternité, immortel. Tout y semble également divin : une lueur douce, pure et sauvage de l'amour du Ciel, qui ne sera jamais effacée ou brouillée par quoi que ce soit de passé ou à venir.

1er juillet. L'été est mûr. Des troupeaux de graines sont déjà sortis de leurs coupes et de leurs gousses à la recherche de leurs emplacements prédestinés. Certains s'enracineront et grandiront aux côtés de leurs parents, d'autres voleront sur les ailes du vent loin d'eux, parmi des inconnus. La plupart des jeunes oiseaux sont entièrement emplumés et hors de leur nid, bien que toujours pris en charge par le père et la mère, protégés, nourris et, dans une certaine mesure, éduqués. Comme c'est beau la vie domestique des oiseaux ! Pas étonnant que nous les aimions tous.

DOUGLAS ÉCUREUIL OBSERVANT FRÈRE HOMME

J'aime regarder les écureuils. Il existe ici deux espèces, le grand gris de Californie et le Douglas. Ce dernier est le plus brillant de tous les écureuils que j'ai jamais vu, une étincelle de vie brûlante, faisant frémir chaque arbre avec ses orteils épineux, une pépite condensée de vigueur et de courage frais des montagnes, aussi exempt de maladie qu'un rayon de soleil. On ne peut pas imaginer qu'un tel animal soit fatigué ou malade. Il semble penser que les montagnes lui appartiennent et tente d'abord de chasser tout le troupeau de moutons ainsi que le berger et les chiens. Comme il gronde, et quelles grimaces il fait, tous les yeux, les dents et les moustaches ! S'il n'était pas si comiquement petit, il serait en effet un homme épouvantable. J'aimerais en savoir davantage sur son éducation, sa vie dans le trou de la maison, ainsi qu'à la cime des arbres, en toutes saisons. C'est étrange que je n'aie pas encore trouvé de nid plein de petits. Le Douglas est presque allié à l'écureuil roux du versant atlantique et peut avoir été distribué de ce côté du continent par les grandes forêts ininterrompues du nord.

Le gris de Californie est l'un des plus beaux et, avec le Douglas, le plus intéressant de nos voisins poilus. Comparé au Douglas, il est deux fois plus grand, mais beaucoup moins vif et moins influent en tant que travailleur dans les bois et il parvient à se frayer un chemin à travers les feuilles et les branches avec moins de mouvements que son petit frère. Je ne l'ai jamais entendu aboyer sur autre chose que nos chiens. Lorsqu'il cherche de la nourriture, il glisse silencieusement de branche en branche, examinant les cônes de l'année dernière, pour voir s'il ne reste pas quelques graines entre les écailles, ou glane celles qui sont tombées parmi les feuilles sur le sol, car aucune des récoltes de la saison en cours est encore disponible. Sa queue flotte tantôt derrière lui, tantôt au-dessus de lui, horizontale ou gracieusement bouclée comme un brin de cirrus, chaque poil à sa place, propre et brillant et radieux comme du duvet de chardon malgré un travail rude et gommeux. Son corps tout entier semble aussi insignifiant que sa queue. Le petit Douglas est fougueux, poivré, plein de vantardise, de combat et de spectacle, avec des mouvements si rapides et vifs qu'ils piquent presque le spectateur, et le spectacle giratoire d'arlequin qu'il fait de lui-même donne le vertige à voir. Le gris est timide et souvent furtif dans ses mouvements, comme s'il s'attendait à moitié à un ennemi dans chaque arbre, buisson et derrière chaque bûche, souhaitant seulement être laissé seul apparemment, et ne manifestant aucun désir d'être vu, admiré ou craint. Les Indiens chassent cette espèce pour se nourrir, ce qui incite à la prudence, sans parler d'autres ennemis : faucons, serpents, chats sauvages. Dans les bois où la nourriture est abondante, ils parcourent des sentiers à travers des fourrés abrités et des arbres couchés jusqu'à leur piscine préférée où, par temps chaud et sec, ils boivent presque à la même heure chaque jour. On dit que ces mares sont étroitement surveillées, surtout par les garçons, qui se tiennent en embuscade avec un arc et des flèches et tuent sans bruit. Mais malgré leurs ennemis, les écureuils sont des compagnons heureux, des favoris de la forêt, des types de vie infatigable. De toutes les bêtes sauvages de la nature, elles me paraissent les plus sauvages. Puissions-nous mieux nous connaître .

Le versant de la colline couvert de chaparral au sud du camp, en plus de fournir des lieux de nidification à d'innombrables oiseaux joyeux, est la maison et la cachette du curieux rat des bois (*Neotoma*), un animal beau et intéressant, attirant toujours l'attention partout. vu. Il ressemble plus à un écureuil qu'à un rat, est beaucoup plus gros, a une fourrure délicate, épaisse et douce de couleur ardoise bleutée, blanche sur le ventre ; oreilles grandes, fines et translucides ; yeux doux, pleins et liquides ; griffes fines, pointues comme des aiguilles ; et comme ses membres sont forts, il peut grimper aussi bien qu'un écureuil. Aucun rat ou écureuil n'a un regard aussi innocent, n'est aussi facilement approché ou n'exprime une telle confiance dans ses bonnes intentions. Il semble trop beau pour les fourrés épineux qu'il habite, et sa hutte aussi est aussi différente de lui-même qu'elle peut l'être, bien que doucement meublée à l'intérieur. Aucun autre animal habitant ces montagnes ne construit de maisons aussi grandes et d'apparence aussi frappante. Le voyageur qui en rencontre soudainement un groupe pour la première fois ne risque pas de les oublier. Ils sont construits avec toutes sortes de bâtons, de vieux morceaux pourris ramassés n'importe où, et des brindilles vertes épineuses mordues dans les buissons les plus proches, le tout mélangé à divers bric-à-brac de tout ce qui est mobile, comme des morceaux de terre motte, des pierres, des os, des cornes de cerf. , etc., entassés en une masse conique comme s'ils étaient prêts à brûler. Certaines de ces curieuses cabanes ont six pieds de haut et autant de largeur à la base, et une douzaine ou plus d'entre elles sont parfois regroupées, moins peut-être pour le bien de la société que pour les avantages de la nourriture et du logement. Traversant les fourrés denses et hirsutes d'une colline solitaire, l'explorateur solitaire qui tombe dans l'un de ces villages étranges est surpris à la vue, et peut s'imaginer dans une colonie indienne et commencer à se demander quel genre d'accueil il est susceptible de recevoir. Mais il ne verra aucun visage sauvage, peut-être pas un seul habitant, ou tout au plus deux ou trois assis au sommet de leurs wigwams, regardant l'étranger avec le plus doux des yeux sauvages et lui permettant de s'approcher de plus près. Au centre de la hutte rugueuse et hérissée, un nid moelleux est constitué de fibres internes d'écorce mâchées pour être étirées et tapissé de plumes et de duvet de diverses graines, comme le saule et l'asclépiade. Cette créature délicate, dans son habitat épineux aux parois épaisses, suggère une fleur tendre dans un involucre épineux. Certains nids sont construits dans des arbres à trente ou quarante pieds du sol, et même dans des mansardes, comme s'ils cherchaient la compagnie et la protection de l'homme, comme les hirondelles et les linottes, quoique habituées à la solitude la plus sauvage. Parmi les ménagères, Neotoma a la réputation d'un voleur, parce qu'il emporte tout ce qui est transportable dans sa drôle de hutte, couteaux, fourchettes, peignes, clous, tasses en fer blanc, lunettes, etc., mais simplement pour renforcer ses fortifications, je suppose. . Sa nourriture à la maison, autant que je l'ai appris, est à peu près la même que celle des écureuils : noix, baies, graines et parfois l'écorce et les pousses tendres des diverses espèces de céanothes.

2 juillet. Journée chaude et ensoleillée, des plantes, des animaux et des roches passionnants, faisant couler la sève et le sang rapidement, et faisant palpiter, tourbillonner et danser en joyeux accord comme la poussière d'étoiles chaque particule des montagnes de cristal . Aucune matité nulle part visible ou pensable. Pas de stagnation, pas de mort. Tout était maintenu dans un joyeux mouvement rythmique selon les pulsations du grand cœur de la Nature.

Des cumulus de perles au-dessus des plus hautes montagnes – des nuages, non pas avec une doublure argentée, mais entièrement argentés. Les nuages les plus brillants, les plus nets et les plus rocheux, les caractéristiques les plus variées et les contours les plus nets que j'aie jamais vus à tout moment de l'année et dans n'importe quel pays. La construction et la destruction quotidienne de ces chaînes de nuages enneigés – la plus haute Sierra – est pour moi une merveille majeure, et je regarde les prodigieuses dômes blancs, hauts de plusieurs kilomètres, avec une admiration toujours nouvelle. Mais au milieu de ces affaires de ciel et de montagne, un changement de régime alimentaire nous tire vers le bas. Nous n'avons plus de pain depuis quelques jours et nous commençons à en manquer plus que ce qui semble raisonnable, car nous avons beaucoup de viande, de sucre et de thé. Il est étrange que nous nous sentions pauvres en nourriture dans une nature sauvage aussi riche. Les Indiens nous font honte, les écureuils aussi : racines, graines et écorces féculentes en abondance, mais la défaillance du sac de nourriture perturbe notre équilibre corporel et menace nos meilleurs plaisirs.

3 juillet. Chaud. Buvez juste assez pour parcourir les bois et exhaler le parfum de leurs mille fontaines. Les pommes de pin et de sapin poussent bien, la résine et le baume dégoulinent de chaque arbre et les graines mûrissent rapidement, promettant une belle récolte. Les écureuils auront du pain. Ils mangent toutes sortes de noix bien avant qu'elles ne soient mûres, et pourtant ils ne semblent jamais souffrir d'estomac.

CHAPITRE III

UNE FAMINE DE PAIN

4 juillet. L'air au-delà des troupeaux, plein des essences des bois, devient de jour en jour plus doux et plus parfumé, comme un fruit qui mûrit.

M. Delaney devrait bientôt arriver des basses terres avec un nouveau stock de provisions, et comme le troupeau doit être déplacé vers de nouveaux pâturages, nous serons tous bien nourris. Entre-temps, nos stocks de haricots et de farine sont épuisés : tout sauf le mouton, le sucre et le thé. Le berger est quelque peu démoralisé et semble se soucier peu du sort de son troupeau. Il dit que puisque le patron n'a pas réussi à le nourrir, il n'est pas tenu à juste titre de nourrir les moutons, et jure qu'aucun homme blanc honnête ne peut gravir ces montagnes escarpées avec du mouton seul. « Ce n'est pas de la bouffe digne d'un homme blanc vraiment blanc. Pour les chiens, les coyotes et les Indiens, c'est différent. Bonne bouffe, bon mouton. C'est ce que j'ai dit." Tel était le discours de Billy le 4 juillet.

5 juillet. Les nuages de midi sur la haute Sierra semblent encore plus merveilleux, d'une beauté indescriptible de jour en jour, à mesure qu'on devient plus éveillé pour les voir. La fumée de la poudre à canon brûlait hier dans les basses terres, et l'éloquence des orateurs s'est probablement calmée ou a été emportée à cette époque. Ici, chaque jour est une fête, un jubilé qui sonne toujours avec un enthousiasme serein, sans usure ni gaspillage ni lassitude écoeurante. Tout se réjouit. Pas une seule cellule ou cristal non visité ou oublié.

6 juillet. M. Delaney n'est pas arrivé et la famine du pain est criante. Il faudra manger du mouton encore un peu, même s'il semble difficile de s'y habituer. J'ai entendu parler de pionniers du Texas vivant sans pain ni rien à base de céréales pendant des mois sans souffrir, utilisant la viande de dinde sauvage comme pain. De ce genre, ils en avaient beaucoup au bon vieux temps, où la vie, bien que considérée comme moins sûre, était préoccupée par le moins. Les trappeurs et les commerçants de fourrures des premiers temps des régions des Rocheuses vivaient de viande de bison et de castor pendant des mois. Il y en a aussi parmi les Indiens et chez les Blancs qui semblent souffrir peu ou pas du tout du manque de pain. En ce moment même, le mouton semble être la nourriture la moins désirable, quoique de bonne qualité. Nous sélectionnons les morceaux les plus maigres, et ils se heurtent à un profond dégoût, provoquant des nausées et un effort pour rejeter les éléments offensants. Le thé aggrave les choses, si possible. L'estomac commence à s'affirmer comme une créature indépendante dotée de sa propre volonté. Il faut faire bouillir les feuilles de lupin, le trèfle, les pétioles féculents et les porte-greffes de saxifrage comme les Indiens. Nous essayons d'ignorer nos troubles gastriques, de nous lever et de regarder autour de nous, de tourner nos yeux vers les montagnes et de grimper obstinément à travers les broussailles et les rochers au cœur du paysage. Un calme étouffé s'installe, et les devoirs et même les plaisirs de la journée s'accomplissent avec langueur. Nous mâchons quelques feuilles de ceanothus en guise de déjeuner, et sentons ou mâchons la monardelle épicée pour soulager les maux de tête sourds et les maux d'estomac qui tantôt s'éclaircissent, tantôt s'abattent sur nous et nous envahissent comme un brouillard. La nuit, encore du mouton, chair à chair, avec, pas trop, et il y a les étoiles qui brillent à travers les panaches et les branches de cèdre au-dessus de nos lits.

7 juillet. Un peu faible et malade ce matin, et tout ça à propos d'un morceau de pain. Je peux à peine attirer l'attention sur mes meilleures études, comme si l'on ne pouvait pas flâner quelques jours dans les bois de Godful sans avoir une base sur un champ de blé et un moulin à farine. Comme des perroquets en cage, nous avons besoin d'un biscuit, de n'importe laquelle des cent sortes ; le biscuit restant d'un voyage autour du monde répondrait assez bien, et la salubrité du biscuit saleratus ne serait pas non plus remise en question. Le pain sans chair est un bon régime, comme je l'ai prouvé lors de nombreuses excursions botaniques. Le thé peut également être facilement ignoré. Tout ce dont j'ai besoin, c'est du pain, de l'eau et un labeur délicieux, ce n'est pas déraisonnablement, mais il faut être formé et tempéré pour profiter de la vie dans ces braves étendues sauvages en toute indépendance de tout type particulier de nourriture. Que cela puisse être accompli est manifeste, en ce qui concerne le bien-être corporel, dans la vie des gens d'autres climats. Les Esquimaux, par exemple, vivent loin au nord de la limite du blé, grâce aux phoques huileux et aux baleines. De la viande, des baies, des herbes amères et de la graisse, ou seulement la dernière, pendant des mois à la fois ; et pourtant, on dit que ces gens, partout sur les côtes gelées de notre continent, sont chaleureux, joyeux, robustes et courageux. Nous entendons aussi parler de mangeurs de poisson, carnivores comme des araignées, mais assez bons en ce qui concerne l'estomac, alors que nous sommes si ridiculement impuissants, faisant des grimaces à propos de notre nourriture, ayant l'air penaud en détresse digestive au milieu de grondements et de grognements qui pourraient bien passer pour des baas étouffés. Nous avons beaucoup de sucre en réserve, et ce soir, j'ai pensé que ces estomacs belliqueux pourraient peut-être, comme des enfants qui se plaignent, se laisser cajoler avec des bonbons. En conséquence, la poêle à frire fut nettoyée et beaucoup de sucre y fut cuit pour obtenir une sorte de cire, mais cela ne fit qu'empirer les choses.

L'homme semble être le seul animal dont la nourriture le souille, nécessitant beaucoup de lavage et des bavoirs et serviettes en forme de bouclier. Les taupes vivant dans la terre et se nourrissant de vers gluants sont pourtant aussi propres que les phoques ou les poissons, dont la vie est un lavage perpétuel. Et, comme nous l'avons vu, les écureuils de ces bois résineux se maintiennent propres d'une manière mystérieuse ; pas un cheveu n'est collant, bien qu'ils manipulent les cônes gommeux et glissent apparemment sans souci. Les oiseaux aussi sont propres, même s'ils semblent faire beaucoup d'efforts pour laver et nettoyer leurs plumes. Certaines mouches et fourmis que je vois sont dans le pétrin, emmêlées et enfermées dans la cire de sucre que nous avons jetée, comme certains de leurs ancêtres dans l'ambre. Nos estomacs, comme nos muscles fatigués, sont douloureux à force de se tortiller longtemps. Un jour, j'avais très faim dans le cimetière Bonaventure près de Savannah, en Géorgie, après avoir jeûné plusieurs jours ; alors l'estomac vide sembla frotter à peu près de la même manière que maintenant, et une sensibilité et une douleur quelque peu similaires se produisirent, difficiles à supporter, bien que la douleur ne fût pas aiguë. Nous rêvons de pain, signe certain que nous en avons besoin. Comme les Indiens, nous devrions savoir comment extraire l'amidon des tiges de fougères et de saxifrages, des bulbes de lys, de l'écorce de pin, etc. Notre éducation a été malheureusement négligée pendant de nombreuses générations. Le riz sauvage serait bon. J'ai remarqué une leersia en bordure de prairie humide, mais les graines sont petites. Les glands ne sont pas mûrs, ni les pignons de pin, ni les avelines. L'écorce interne du pin ou de l'épicéa peut être essayée. J'ai bu du thé jusqu'à ce qu'il soit à moitié enivré. L'homme semble avoir envie d'un stimulant lorsqu'il se passe quelque chose d'extraordinaire, et c'est le seul que j'utilise. Billy mâche de grandes quantités de tabac, ce qui, je suppose, contribue à abrutir et à modérer sa misère. Nous recherchons et écoutons le Don toutes les heures. Comme ses grands pieds seraient beaux sur les montagnes !

Dans la Sierra chaude et hospitalière, les bergers et les montagnards en général, autant que je l'ai vu, sont facilement satisfaits en ce qui concerne les provisions de nourriture et la literie. La plupart d'entre eux se contentent de « vivre à la dure », ignorant les subtilités de la nature comme étant gênantes ou peu viriles. Le lit du berger n'est souvent constitué que de sol nu et d'une paire de couvertures, avec une pierre, un morceau de bois ou un bât en guise d'oreiller. En choisissant l'endroit, il montre moins de soin que les chiens, car ils délibèrent habituellement avant de se décider sur une affaire aussi importante, allant de lieu en lieu, raclant les bâtons et les cailloux, et essayant de se réconforter en faisant de nombreux changements, tandis que le berger se jette n'importe où, apparemment le moins habile de tous les chercheurs de repos. Sa nourriture aussi, même lorsqu'il a tout ce qu'il veut, est généralement loin d'être délicate, ni en nature, ni en cuisine. Des haricots, du pain de toutes sortes, du lard, du mouton, des pêches séchées, et quelquefois des pommes de terre et des oignons, composent son menu, ces deux derniers articles étant regardés comme un luxe à cause de leur poids comparé à la nourriture qu'ils contiennent ; un demi-sac environ de chacun peut être mis dans le paquet au départ du ranch et en quelques jours, c'est fini. Les haricots sont le principal produit de secours, portables, sains et capables d'aller loin, en plus d'être faciles à cuire, même si, curieusement, beaucoup de mystère est censé planer sur le pot à haricots. Il n'y a pas deux cuisiniers qui soient tout à fait d'accord sur les méthodes pour préparer les haricots, et, après avoir caressé, cajolé et soigné ce gâchis savoureux, bien huilé et adouci avec du bacon bouilli au cœur, le fier cuisinier demandera, après avoir servi J'en ai sorti un litre ou deux pour l'essai : « Eh bien, comment aimez-vous *mes* haricots ? » comme s'ils ne pouvaient en aucun cas être comme les autres haricots cuits de la même manière, mais devaient nécessairement posséder une vertu particulière dont lui seul est maître. De la mélasse, du sucre ou du poivre peuvent être utilisés pour donner les saveurs souhaitées ; ou bien on peut verser la première eau et ajouter une cuillerée ou deux de cendre ou de soude pour dissoudre ou adoucir plus complètement les peaux, selon divers goûts et idées. Mais, comme les fûts de vin, il n'y a pas deux pots identiques à tous les palais. Certains sont censés être gâtés par la lune, par un jour malheureux, par le fait que les haricots ont poussé sur un sol inapproprié ; ou toute l'année peut être à blâmer pour ne pas être favorable aux haricots.

Le café aussi a ses merveilles dans la cuisine du camp, mais pas autant, et pas aussi impénétrables que celles qui entourent le pot à grains. Un grognement sourd et complaisant suit une bouchée tirée avec un gargouillis, et la remarque lancée sans but : « C'est du bon café. » Puis une autre gorgée gargouillante et la répétition du jugement : « *Oui, monsieur*, c'est *du* bon café. » Quant au thé, il n'en existe que deux sortes, le faible et le fort, le plus fort étant le meilleur. La seule remarque entendue est : « Ce thé est faible », sinon il est assez bon et ne vaut pas la peine d'être mentionné. S'il a été bouilli une heure ou deux ou fumé sur un feu poix, peu importe, qui se soucie d'un peu de tanin ou de créosote ? ils rendent la boisson noire d'autant plus forte et plus attrayante pour les palais bronzés par le tabac.

Le pain de camp de mouton, comme la plupart du pain de camp californien, est cuit dans des fours hollandais, certains sous forme de biscuit en poudre de levure, un composé collant malsain menant directement à la dyspepsie. Cependant, la plus grande partie est fermentée avec du levain, une poignée de chaque lot étant conservée et rangée dans l'embouchure du sac de farine pour inoculer le suivant. Le four est simplement une marmite en fonte, d'environ cinq pouces de profondeur et de douze à dix-huit pouces de largeur. Une fois le mélange mélangé et pétri dans un moule en fer blanc, le four est légèrement chauffé et frotté avec un morceau de suif ou de couenne de porc. La pâte y est ensuite déposée, pressée contre les parois et laissée lever. Lorsque l'on est prêt à cuire, une pelletée de braises est étalée à côté du feu et le four est placé dessus, tandis qu'une autre pelletée est placée sur le couvercle, qui est soulevé de temps en temps pour veiller à ce que la quantité de chaleur requise soit obtenue. est maintenu. Avec soin, on peut faire du bon pain de cette manière, bien qu'il soit susceptible de brûler ou d'être aigre, ou de trop lever, et le poids du four constitue une sérieuse objection.

Enfin Don Delaney arrive à Lang Glen : la faim disparaît, nous tournons nos yeux vers les montagnes, et demain nous partons grimper vers les nuages.

Jamais, tant qu'il reste quelque chose de moi, ce premier camp ne sera oublié. Cela s'est développé en moi, non seulement en tant qu'images de mémoire, mais en tant que partie intégrante de l'esprit et du corps. Le creux profond en forme de trémie, avec ses arbres majestueux à travers lesquels, toutes les nuits merveilleuses, les étoiles déversaient leur beauté. La nature sauvage et fleurie de la haute pente raide vers Brown's Flat, et son parfum de floraison descendant à la fin des jours calmes. Les cours d'eau ensorcelés avec leur multitude de voix créant une mélodie, le flux majestueux, la ruée et les courants joyeux et exultants caressant les feuilles de carex, les buissons et les pierres moussues, tourbillonnant dans des bassins, se divisant en petites îles fleuries, brisant ici le gris et le blanc. et là, toujours joyeux, mais avec des nuances profondes et solennelles rappelant l'océan – le courageux petit oiseau toujours à leurs côtés, chantant avec de douces tonalités humaines parmi les cloches d'écume qui valsent, et comme un évangélique béni expliquant l'amour de Dieu. Et la Pilot Peak Ridge, ses longues pentes reculées gracieusement modelées et tressées, s'étendant d'un climat à l'autre, parsemées d'arbres qui sont les rois de leur race, leurs rangs noblement rassemblés pour être vus, flèche au-dessus de la flèche, couronne au-dessus de la couronne, agitant leurs longues , bras feuillus, agitant leurs cônes comme des cloches – bienheureux montagnards nourris au soleil se réjouissant de leur force, chaque arbre mélodieux, une harpe pour les vents et le soleil. Les pâturages de noisetiers et de nerpruns des cerfs, les sourcils battus par le soleil pourpres et jaunes de menthe et de verges d'or, tapissés de chamaebatia, bourdonnant d'abeilles. Et les aurores, les levers et les couchers de soleil de ces jours de montagne, la lumière rose rampant plus haut parmi les étoiles, se changeant en jaune jonquille, les rayons uniformes éclatant, ruisselant à travers les crêtes, touchant pin après pin, réveillant et réchauffant toute la puissante armée. pour accomplir avec plaisir leur brillante journée de travail. Les grands midis dorés et ensoleillés, les montagnes de nuages d'albâtre, le paysage rayonnant de conscience comme le visage d'un dieu. Les couchers de soleil, quand les arbres attendaient silencieusement leurs bénédictions de bonne nuit. Une richesse divine, durable et indiscutable.

CHAPITRE IV

AUX HAUTE MONTAGNES

8 juillet. Nous partons maintenant vers les montagnes les plus hautes. De nombreuses petites voix silencieuses, ainsi que le tonnerre de midi, crient : « Viens plus haut ». Adieu, bienheureux vallon, bois, jardins, ruisseaux, oiseaux, écureuils, lézards et mille autres. Adieu. Adieu.

À travers les bois, les criquets ongulés coulaient sous un nuage de poussière brune. A peine furent-ils conduits à cent mètres du vieux corral, qu'ils semblèrent savoir qu'ils allaient enfin vers de nouveaux pâturages, et se précipitèrent sauvagement en avant, se pressant à travers les trouées des broussailles, sautant, dégringolant comme des eaux de crue exultantes et hurlantes s'échappant à travers un barrage cassé. Sur chaque flanc, un homme ne cessait de crier des conseils aux chefs qui, dans leur état de famine, se comportaient comme des porcs de Gadarene ; deux autres conducteurs s'occupaient des retardataires, les aidant à se sortir des broussailles ; l'Indien, calme, alerte, surveillait silencieusement les vagabonds susceptibles d'être négligés ; les deux chiens couraient çà et là, ne sachant plus ce qu'il y avait de mieux à faire, tandis que le Don, bientôt loin en arrière, essayait de garder en vue sa pénible richesse.

DIVISION ENTRE LA TUOLUMNE ET LA MERCED CI-DESSOUS VERT NOISETTE

Dès que la limite de l'ancienne chaîne dévastée fut dépassée, la horde affamée devint soudain calme, comme un ruisseau de montagne dans une prairie. Désormais, ils furent autorisés à avancer aussi lentement qu'ils le souhaitaient, en prenant uniquement soin de les maintenir dirigés vers le sommet de la frontière entre Merced et Tuolumne. Bientôt, les deux mille panses aplaties furent gonflées de vignes de pois de senteur et d'herbe, et les créatures décharnées et désespérées, ressemblant plus à des loups qu'à des moutons, devinrent fades et gouvernables, tandis que les conducteurs hurlants se changeaient en doux bergers et déambulaient en paix.

Vers le coucher du soleil, nous atteignîmes Hazel Green, un endroit charmant au sommet de la crête qui sépare les bassins de la Merced et de Tuolumne, où coule un petit ruisseau à travers des fourrés de noisetiers et de cornouillers sous de magnifiques sapins et pins argentés. Ici, nous campons pour la nuit, notre grand feu, rempli de bûches et de branches de colophane, flambe comme un lever de soleil, rendant volontiers la lumière lentement tamisée des rayons de soleil de siècles d'étés ; et dans la lueur de ce vieux soleil, avec quelle impressionnante mise en relief les objets environnants se détachent sur l'obscurité extérieure ! Les herbes, les pieds d'alouette, les ancolies, les lys, les noisetiers et les grands arbres forment un cercle autour du feu comme des spectateurs pensifs, regardant et écoutant avec un enthousiasme humain. La brise nocturne est fraîche, car toute la journée nous avons grimpé vers le ciel supérieur, où se trouvent les montagnes de nuages que nous admirons depuis si longtemps. Comme l'air est doux et vif ! Chaque souffle est une bénédiction. Ici, le pin à sucre atteint son plein développement en termes de taille, de beauté et de nombre d'individus, remplissant chaque ravin enflé, creux et plongeant, presque à l'exclusion des autres espèces. On trouve encore quelques pins jaunes comme compagnons, et dans les endroits les plus frais des sapins argentés ; mais aussi nobles soient-ils, le pin à sucre est roi et étend de longs bras protecteurs au-dessus d'eux pendant qu'ils se balancent et s'agitent en signe de reconnaissance.

Nous avons maintenant atteint une hauteur de six mille pieds. Dans la matinée, nous avons longé une partie plate de la crête de séparation qui est plantée de manzanita (*Arctostaphylos*), quelques spécimens les plus grands que j'ai vus. J'en ai mesuré un, dont le fût a quatre pieds de diamètre et seulement dix-huit pouces de haut du sol, où il se dissout en de nombreuses branches largement étalées formant une large tête ronde d'environ dix ou douze pieds de haut, couverte de grappes de petites branches étroites. clochettes roses à gorge. Les feuilles sont vert pâle, glanduleuses et bordées par une torsion du pétiole. Les branches semblent nues ; car l'écorce de couleur chocolat est très lisse et fine, et se détache en flocons qui s'enroulent lorsqu'ils sont secs. Le bois est rouge, à grain serré, dur et lourd. Je me demande quel âge ont ces curieux arbres-buissons, probablement aussi vieux que les grands pins. Les Indiens, les ours, les oiseaux et les larves grasses se régalent de baies, qui ressemblent à de petites pommes, souvent roses d'un côté, vertes de l'autre. On dit que les Indiens en font une sorte de bière ou de cidre. Il existe de nombreuses espèces. Celui-ci, *Arctostaphylos pungens* , est commun par ici. Ils n'ont pas à craindre le vent, tant ils sont bas et bien enracinés. Même les incendies qui balayent les bois les détruisent rarement complètement, car ils remontent de la racine, et certaines des crêtes sèches sur lesquelles ils poussent sont rarement touchées par le feu. Je dois essayer de mieux les connaître.

Mes chansons de rivière me manquent ce soir. Ici, Hazel Creek, à ses sources les plus hautes, a une voix comme celle d'un oiseau. Les tons du vent dans les grands arbres au-dessus sont étrangement impressionnants, d'autant plus qu'en dessous d'eux, pas une feuille ne bouge. Mais il se fait tard et je dois me coucher. Le camp est silencieux ; tout le monde dort. Il semble extravagant de passer des heures si précieuses à dormir. «Il donne le sommeil à son bien-aimé.» Ayez pitié du pauvre bien-aimé qui en a besoin, faible, fatigué, abandonné ; oh, c'est dommage, de dormir au milieu d'un beau et éternel mouvement au lieu de regarder éternellement, comme les étoiles.

9 juillet. Enivrée par l'air de la montagne, j'ai envie de crier ce matin avec un excès de joie des animaux sauvages. L'Indien s'est couché la nuit dernière loin du feu, sans couvertures, n'ayant rien d'autre, comme vêtement, qu'une salopette bleue et une chemise en calicot mouillée de sueur. L'air nocturne est frais à cette altitude, et nous lui avons donné des couvertures pour chevaux, mais il ne semblait pas s'en soucier. C'est une bonne chose d'être indépendant des vêtements qui sont si difficiles à transporter. Quand la nourriture est rare, il peut vivre de tout ce qui lui tombe sous la main : quelques baies, racines, œufs d'oiseaux, sauterelles, fourmis noires, larves de grosses guêpes ou de bourdons, sans avoir le sentiment de faire quelque chose qui mérite d'être mentionné, m'a-t-on dit. .

Un sapin argenté ou sapin rouge (Abies magnifica)

Aujourd'hui, notre route longeait le large sommet de la crête principale jusqu'à un creux au-delà de Crane Flat. Il est à peine rocheux et couvert des pins et des épicéas les plus nobles que j'aie jamais vus. Les pins à sucre de six à huit pieds de diamètre ne sont pas rares, avec une hauteur de deux cents pieds ou même plus. Les sapins argentés (*Abies concolor* et *A. magnifica*) sont extrêmement beaux, surtout le *magnifica* , qui devient de plus en plus abondant à mesure que l'on monte. Il est de grande taille, l'un des conifères géants les plus remarquables à tous égards de la Sierra. J'ai vu des spécimens mesurant sept pieds de diamètre et plus de deux cents pieds de hauteur, alors que la taille moyenne de ce qu'on pourrait appeler des arbres matures pleinement développés peut difficilement être inférieure à cent quatre-vingts ou deux cents pieds de haut et cinq ou six pieds. en diamètre; et avec ces dimensions nobles, il y a une symétrie et une perfection de finition qu'on ne voit dans aucun autre arbre, du moins ici. Les branches sont pour la plupart verticillées par cinq et se détachent du fût haut, droit et délicieusement effilé par des colliers de niveau, chaque branche étant régulièrement pennée comme les frondes des fougères, et densément recouverte de feuilles tout autour des rameaux, leur donnant ainsi un aspect singulièrement riche. et une apparence somptueuse. L'extrême cime de l'arbre est une pousse épaisse et émoussée pointant droit vers le zénith comme un doigt d'avertissement. Les cônes se dressent comme des tonneaux sur les branches supérieures. Ils mesurent environ six pouces de long, trois de diamètre, de forme émoussée, veloutée et cylindrique, et d'apparence très riche et précieuse. Les graines mesurent environ trois quarts de pouce de long, sont brun rougeâtre foncé avec des ailes violettes irisées brillantes, et à maturité, le cône tombe en morceaux, et les graines ainsi libérées à une hauteur de cent cinquante ou deux cents pieds ont un bon départ et peut parcourir des distances considérables dans une bonne brise ; et c'est lorsqu'une bonne brise souffle que la plupart d'entre eux sont secoués et libres de voler.

L'autre espèce, *Abies concolor* , atteint une hauteur et une épaisseur presque aussi grandes que la *magnifica* , mais les branches ne forment pas des verticilles aussi réguliers, ni aussi exactement pennées ou richement recouvertes de feuilles. Au lieu de pousser tout autour des rameaux, les feuilles sont généralement disposées en deux rangées horizontales plates. Les cônes et les graines ont la forme de ceux de la *magnifica* , mais sont moins gros que la moitié. L'écorce de la *magnifica* est pourpre rougeâtre et étroitement sillonnée, celle du *concolor* est grise et largement sillonnée. Un couple noble.

À Crane Flat, nous avons grimpé mille pieds ou plus sur une distance d'environ deux milles, la forêt devenant plus dense et le sapin *magnifica argenté* formant une partie encore plus grande de l'ensemble. Crane Flat est une prairie avec une large bordure sablonneuse située au sommet de la ligne de partage. Il est souvent visité par les grues bleues pour se reposer et se nourrir pendant leurs longs voyages, d'où son nom. Il mesure environ un demi-mile de long, se jette dans la Merced, sedgy au milieu, avec une marge lumineuse de lys, d'ancolies, de pieds d'alouette, de lupins, de castilleia, puis une zone extérieure de sol sec et en pente douce étoilée d'une multitude de petites fleurs. ,—eunanus, mimulus, gilia, avec des rosettes de spraguea et des touffes de plusieurs espèces d'eriogonum et de brillant zauschneria. Le noble mur de forêt qui l'entoure est composé de deux sapins argentés et de pins jaunes et à sucre, qui semblent ici atteindre le plus haut degré de beauté et de grandeur ; car l'élévation, six mille pieds ou un peu plus, n'est ni trop grande pour les pins à sucre et jaunes, ni trop basse pour le sapin *magnifica* , *tandis que le concolor* semble trouver cette élévation la meilleure possible. À environ un mile de l'extrémité nord de l'appartement se trouve un bosquet de *Sequoia gigantea* , le roi de tous les conifères. Par ailleurs, l'épicéa de Douglas (*Pseudotsuga Douglasii*) et *Libocedrus decurrens* , ainsi que quelques pins à deux feuilles, sont présents ici et là, formant une petite partie de la forêt. Trois pins, deux sapins argentés, un épicéa de Douglas, un séquoia, tous, sauf le pin à deux feuilles, arbres colossaux, se trouvent ici ensemble, un assemblage de conifères sans égal sur le globe.

Nous avons traversé un certain nombre de charmantes prairies ressemblant à des jardins situées au sommet de la ligne de partage ou suspendues comme des rubans sur ses côtés, noyées dans la glorieuse forêt. Certains sont principalement occupés par le grand *Veratrum Californicum à fleurs blanches* , avec des feuilles en forme de bateau d'environ un pied de long, huit ou dix pouces de large et nervurées comme celles du cypripedium, une plante lilacée robuste, copieuse, friande d'eau et déterminé à être vu. L'ancolie et le pied d'alouette poussent sur les bords les plus secs des prairies, avec un grand et beau lupin debout jusqu'à la taille dans les hautes herbes et les carex. Les Castilleias aussi, de plusieurs espèces, font un spectacle éclatant avec des parterres de violettes à leurs pieds. Mais la gloire de ces prairies forestières est un lys (*L. parvum*). Les plus grands mesurent de sept à huit pieds de haut et portent de magnifiques grappes de dix à vingt petites fleurs orange ou plus ; ils se détachent librement en pleine terre, avec juste assez d'herbe et d'autres plantes compagnes autour d'eux pour franger leurs pieds et les mettre en valeur au mieux. C'est un grand ajout à mes connaissances liées au lys, un véritable alpiniste, atteignant une vigueur et une beauté exceptionnelles à une hauteur de sept mille pieds environ. Je trouve que sa taille varie beaucoup, même dans la même prairie, non seulement en fonction du sol, mais aussi en fonction de l'âge. J'ai vu un spécimen qui n'avait qu'une fleur, et un autre à quelques pas en avait vingt-cinq. Et dire que les moutons devraient être autorisés dans ces prés de nénuphars ! après combien de siècles de soins de la nature, les planter et les arroser, rentrer les bulbes confortablement sous le gel hivernal, ombrager les pousses tendres avec des nuages étirés au-dessus d'elles comme des rideaux, déverser une pluie rafraîchissante, les rendre parfaits en beauté et les garder en sécurité par mille des miracles; pourtant, c'est étrange à dire, permettant le piétinement de moutons dévastateurs. On pourrait raisonnablement chercher un mur de feu pour clôturer de tels jardins. La nature est si extravagante avec ses trésors les plus précieux, dépensant la beauté des plantes comme elle dépense le soleil, la déversant dans la terre et la mer, dans les jardins et dans le désert. Ainsi, la beauté des lys tombe sur les anges et les hommes, les ours et les écureuils, les loups et les moutons, les oiseaux et les abeilles, mais d'après ce que j'ai vu, l'homme seul et les animaux qu'il apprivoise détruisent ces jardins. Les ours maladroits et lourds, me dit le Don, adorent s'y vautrer par temps chaud, et les cerfs aux pattes acérées les traversent encore et encore, se promenant et se nourrissant, et pourtant je n'ai jamais vu un lis gâté par eux. Plutôt, comme les jardiniers, ils semblent les cultiver, en les pressant et en les barbotant selon les besoins. Quoi qu'il en soit, pas une feuille ou un pétale ne semble mal placé.

Les arbres qui les entourent semblent aussi parfaits en beauté et en forme que les lys, leurs branches verticillées comme des feuilles de lys dans un ordre exact. Ce soir, comme d'habitude, la lueur de notre feu de camp enchante tout ce qui est à la portée de ses rayons. Couchés sous les sapins, il est glorieux de les voir plonger leurs flèches dans le ciel étoilé, le ciel comme une vaste prairie de lys en fleurs ! Comment puis-je fermer les yeux sur une nuit si précieuse ?

10 juillet. Un écureuil Douglas, autocrate poivré et piquant des bois, aboie au-dessus de nous ce matin, et les petits oiseaux forestiers, si rarement vus quand on voyage bruyamment, sont dehors sur les branches ensoleillées le long de la lisière de la prairie, se réchauffant et prenant un bain de soleil et un bain de rosée : un beau spectacle. Comme ils sont charmants les regards et les manières vives et confiantes de ce petit peuple à plumes des arbres ! Ils semblent sûrs de petits déjeuners délicats et sains, et d'où viennent tant de petits déjeuners ? Dans quelle mesure serions-nous impuissants si nous essayions de leur dresser une table avec des bourgeons, des graines, des insectes, etc., qui les maintiendraient dans la pure santé sauvage dont ils jouissent ! Pas un mal de tête ni aucune autre douleur parmi eux, je suppose. Quant aux irrépressibles écureuils Douglas, on ne pense jamais à leurs petits déjeuners ni à la possibilité de faim, de maladie ou de mort ; ils ressemblent plutôt à des étoiles au-dessus du hasard ou du changement, même si nous les voyons parfois occupés à ramasser des bavures, travaillant dur pour gagner leur vie.

Nous progressons à travers la forêt toujours plus haut, un nuage de poussière obscurcit le chemin, des milliers de pieds piétinant les feuilles et les fleurs, mais dans ce puissant désert, elles ne semblent qu'une bande faible, et mille jardins échapperont à leur contact flétrissant. Ils ne peuvent pas nuire aux arbres, bien que certains semis en souffrent, et si les criquets laineux se multipliaient considérablement, comme ils risquent de le devenir en raison de leur valeur monétaire, alors les forêts pourraient elles aussi être détruites avec le temps. Seul le ciel sera alors en sécurité, bien que caché à la vue par la poussière et la fumée, encens d'un mauvais sacrifice. Pauvres brebis impuissantes et affamées, en grande partie mal engendrées, sans droit d'être, semi-fabriquées, faites moins par Dieu que l'homme, nées hors du temps et du lieu, pourtant leurs voix sont étrangement humaines et appellent la pitié.

Notre chemin suit toujours la ligne de partage de Merced et Tuolumne, les ruisseaux sur notre droite allant gonfler la rivière chantante Yosemite, ceux de notre gauche vers la rivière chantante Tuolumne, se glissant à travers des prairies ensoleillées de carex et de lys, et dévalant presque mille ravins en chantant. dès leur naissance. Il n'existe sûrement nulle part un ensemble de ruisseaux plus mélodieux, ou un cristal plus pur et étincelant, tantôt glissant avec un murmure tintant, tantôt avec une joyeuse ruée de fossettes, entrant et sortant à travers le soleil et l'ombre, scintillant dans les piscines, unissant leurs courants, rebondissant, dansant de forme en se forment sur les falaises et les pentes, d'autant plus belles qu'elles s'éloignent jusqu'à se déverser dans les principales rivières glaciaires.

Toute la journée, j'ai regardé avec une admiration croissante les nobles groupes de magnifiques sapins blancs qui s'approprient de plus en plus le terrain. Les bois au-dessus de Crane Flat restent relativement ouverts, laissant entrer le soleil sur le sol brun parsemé d'aiguilles. Non seulement les arbres individuels sont admirables par leur symétrie et superbes par leur feuillage et leur port, mais une demi-douzaine ou plus forment souvent des bosquets de temples dans lesquels les arbres sont si bien classés en taille et en position qu'ils semblent n'en faire qu'un. Ici, en effet, c'est le paradis des amoureux des arbres. L'œil le plus ennuyeux du monde doit sûrement être éveillé par des arbres comme ceux-ci.

Heureusement, les moutons ont besoin de peu d'attention, car ils sont conduits lentement et autorisés à mordre et grignoter à leur guise. Depuis que nous avons quitté Hazel Green, nous suivons le sentier Yosemite ; les visiteurs de la célèbre vallée venant de Coulterville et de Chinese Camp passent par là - les deux sentiers se réunissent à Crane Flat - et entrent dans la vallée du côté nord. Un autre sentier entre du côté sud en passant par Mariposa. Les touristes que nous avons vus étaient par groupes de trois ou quatre à quinze ou vingt, montés sur des mulets ou de petits poneys mustang. Ils faisaient un étrange spectacle, serpentant en file indienne à travers les bois solennels, en tenue criarde, effrayant les créatures sauvages, et on pourrait imaginer que même les grands pins seraient dérangés et gémiraient de consternation. Mais que pouvons-nous dire de nous-mêmes et du troupeau ?

Nous campons maintenant à Tamarack Flat, à quatre ou cinq milles de l'extrémité inférieure de Yosemite. Voici une autre belle prairie enchâssée dans les bois, traversée par un ruisseau profond et clair, dont les rives sont arrondies et biseautées par un chaume de carex plongeants. L'appartement doit son nom au pin à deux feuilles (*Pinus contorta* , var. *Murrayana*), commun ici, surtout autour de la lisière fraîche de la prairie. Sur un sol rocheux, c'est un arbre rugueux et trapu, d'environ quarante à soixante pieds de haut et d'un à trois pieds de diamètre, à l'écorce fine et gommeuse, aux branches plutôt nues, aux glands, aux feuilles et aux cônes petits. Mais dans un sol humide et riche, il pousse serré et élancé, et atteint parfois une hauteur de près de cent pieds. Les spécimens qui n'ont que six pouces de diamètre au sol ont souvent cinquante ou soixante pieds de hauteur, et ont des contours aussi élancés et pointus que des flèches, comme le véritable mélèze laricin (mélèze) des États de l'Est ; d'où son nom, bien qu'il s'agisse d'un pin.

11 juillet. Le Don s'est avancé sur l'un des animaux de somme pour explorer les terres au nord de Yosemite à la recherche du meilleur point pour un camp central. Nous ne pouvons pas aller beaucoup plus haut à l'heure actuelle, car les pâturages supérieurs, réputés meilleurs que tous ceux d'ici, sont encore ensevelis sous les fortes neiges de l'hiver. Je suis heureux que le camp soit fixé dans la région de Yosemite, car je ferai de nombreuses randonnées glorieuses le long du sommet des murs, et ensuite quels paysages je trouverai avec leurs nouvelles montagnes et canons, forêts et jardins, lacs et ruisseaux et chutes.

Nous sommes maintenant à environ sept mille pieds au-dessus de la mer et les nuits sont si fraîches que nous devons empiler des manteaux et des vêtements supplémentaires sur nos couvertures. Tamarack Creek est une eau de champagne glacée, délicieuse et exaltante. Il coule à flots dans la prairie avec une vitesse silencieuse, mais à quelques centaines de mètres seulement au-dessous de notre camp, le sol est un granit gris nu parsemé de rochers, de grands espaces étant sans un seul arbre ou seulement un petit ici et là ancré dans des arbres étroits. coutures et fissures. Les rochers, dont beaucoup sont très gros, ne sont pas empilés ou éparpillés comme des détritus parmi des débris meubles et en ruine, comme s'ils avaient été extraits du solide par les intempéries comme des rochers de désintégration ; ils se produisent pour la plupart seuls et reposent sur un trottoir propre sur lequel le soleil tombe avec un éclat qui contraste avec le miroitement de lumière et d'ombre auquel nous sommes habitués dans les bois feuillus. Et, chose étrange à dire, ces rochers si immobiles et déserts, sans aucune force de mouvement à proximité, sans aucun porteur de rocher en vue, ont néanmoins été amenés de loin, comme le montre la différence de couleur et de composition, extraits, transportés et déposés ici. chacun à sa place ; ils n'ont pas non plus bougé, pour la plupart, dans le calme et la tempête depuis leur arrivée. Ils ont l'air seuls ici, étrangers dans un pays étranger, d'énormes blocs, des fragments de montagnes anguleux, les plus grands de vingt ou trente pieds de diamètre, les fragments que la nature a créés en modelant ses paysages, en façonnant les formes de ses montagnes et de ses vallées. Et avec quel outil étaient-ils extraits et transportés ? Sur le trottoir on retrouve ses marques. La partie la plus résistante et non altérée de la surface est rayée et striée de manière rigidement parallèle, indiquant que la région a été balayée par un glacier venant du nord-est, broyant la masse générale des montagnes, entaillant et polissant, produisant un aspect étrange et brut. , essuyé son apparence et laissant tomber tous les rochers qu'il transportait au moment où il a fondu à la fin de la période glaciaire. Une belle découverte cela. Quant aux forêts que nous avons traversées, elles poussent probablement sur des dépôts de sol dont la majeure partie a été déposée par ce même agent glaciaire sous forme de moraines de différentes sortes, aujourd'hui en grande partie désintégrées et étendues par les phénomènes post-glaciaires. érosion.

Hors de la prairie herbeuse et sur ce granit raboté par la glace coule le joyeux jeune Tamarack Creek, se réjouissant, exultant, chantant, dansant dans des chutes et des cascades blanches, brillantes et irisées, en route vers le Merced Cañon, à quelques kilomètres en contrebas de Yosemite, tombant de plus de trois mille pieds sur une distance d'environ deux milles.

Tous les ruisseaux de la Merced chantent à merveille et Yosemite est le centre où se rencontrent les principaux affluents. D'un point situé à environ un demi-mille de notre camp, nous pouvons voir dans l'extrémité inférieure de la célèbre vallée, avec ses merveilleuses falaises et ses bosquets, une grande page de manuscrit de montagne que je donnerais volontiers ma vie pour pouvoir lire. Comme cela semble vaste, combien la vie humaine est courte quand on y pense, et combien peu nous pouvons apprendre, quels que soient nos efforts ! Mais pourquoi déplorer notre pauvre ignorance inévitable ? Une partie de la beauté extérieure est toujours en vue, suffisamment pour faire vibrer chacune de nos fibres, et nous pouvons en profiter glorieusement, même si les méthodes de sa création peuvent échapper à notre connaissance. Chantez, brave Tamarack Creek, fraîchement sorti de vos fontaines enneigées, éclaboussez, tourbillonnez et dansez vers votre destin dans la mer ; prendre un bain, encourager tous les êtres vivants sur votre chemin.

J'ai beaucoup apprécié toute cette immense journée, flânant et voyant, imprégné des influences de la montagne, dessinant, notant, pressant des fleurs, buvant de l'ozone et de l'eau de Tamarack. J'ai trouvé le lys blanc de Washington, le plus beau de tous les lys de la Sierra. Ses bulbes sont enterrés dans des enchevêtrements de chaparral hirsutes, je suppose pour se protéger des pattes des ours ; et ses magnifiques panicules se balancent et se balancent au sommet des buissons rugueux et pressés par la neige, tandis que de grosses abeilles audacieuses au nez émoussé bourdonnent et marmonnent dans ses cloches polliniques. Une jolie fleur, qui vaut la peine d'avoir faim et d'avoir des kilomètres à voir. Le monde entier me semble plus riche maintenant que j'ai trouvé cette plante dans un paysage si noble.

Une maison en rondins sert à marquer une revendication sur la prairie de Tamarack, qui pourrait devenir une station précieuse au cas où les voyages à Yosemite augmenteraient considérablement. Des soirées tardives s'arrêtent parfois ici. Un homme blanc et une Indienne sont propriétaires des lieux.

Je me suis promené dans la prairie au coucher du soleil, hors de vue du camp, des moutons et de toute marque humaine, dans la paix profonde des vieux bois solennels, tout rayonnant de l'enthousiasme inextinguible du Ciel.

12 juillet. Le Don est revenu et nous partons à nouveau en pèlerinage. « En regardant la région de Yosemite Creek, dit-il, du haut des collines, vous ne voyez que des rochers et des parcelles d'arbres ; mais quand on descend dans le désert rocheux, on trouve une infinité de petits talus et de prairies herbeuses, et ainsi le pays n'est pas aussi pauvre qu'il le paraît. Nous y resterons jusqu'à ce que la neige du haut pays ait fondu.

J'ai été heureux d'apprendre que les fortes chutes de neige rendaient nécessaire un séjour dans la région de Yosemite, car j'ai hâte d'en voir le plus possible. Quels beaux moments j'aurai à dessiner, à étudier les plantes et les rochers, et à me promener seul au bord de la grande vallée, hors de la vue et du bruit du camp !

Nous avons vu aujourd'hui un autre groupe de touristes de Yosemite. D'une manière ou d'une autre, la plupart de ces voyageurs semblent ne se soucier que peu des objets glorieux qui les entourent, mais assez pour dépenser du temps et de l'argent et endurer de longs voyages pour voir la célèbre vallée. Et lorsqu'ils seront à l'intérieur des puissants murs du temple et qu'ils entendront les psaumes des chutes, ils s'oublieront et deviendront pieux. Bienheureux, en effet, devrait être chaque pèlerin dans ces montagnes saintes !

Nous nous sommes déplacés lentement vers l'est le long du Mono Trail et, en début d'après-midi, nous avons déballé nos bagages et campé sur la rive du ruisseau Cascade. Le Mono Trail traverse la chaîne par le Bloody Cañon Pass jusqu'aux mines d'or près de l'extrémité nord du lac Mono. Ces mines auraient été riches lors de leur première découverte, et une grande ruée a eu lieu, rendant nécessaire une piste. Quelques petits ponts furent construits au-dessus de cours d'eau où le passage à gué n'était pas praticable en raison de la douceur du fond, des sections d'arbres tombés furent découpées et des voies creusées à travers des fourrés suffisamment larges pour permettre le passage de gros paquets ; mais sur la plus grande partie du chemin, à peine une pierre ou une pelle de terre a été déplacée.

Les bois que nous avons traversés sont composés presque entièrement d' *Abies magnifica* , l'espèce compagne *concolor* étant en grande partie laissée en arrière à cause de l'altitude, tandis que l'élévation croissante semble remercier la charmante *magnifica* . Aucun mot ne peut rendre justice à ce noble arbre. À un endroit, beaucoup étaient tombés lors d'une violente tempête de vent, en raison du caractère sableux du sol, qui n'offrait aucun ancrage sûr. Le sol est principalement constitué de moraines décomposées et désintégrées.

Les moutons sont couchés sur un endroit rocheux et nu, comme ils l'entendent, ruminant dans une paix herbeuse. La cuisine continue, les appétits s'aiguisent chaque jour. Aucun habitant des plaines ne peut apprécier l'appétit des montagnes et la facilité avec laquelle les aliments lourds appelés « larves » sont éliminés. Manger, marcher, se reposer, semblent également délicieux, et on a envie de crier vigoureusement en se levant le matin comme un coq qui chante. Un sommeil et une digestion aussi clairs que l'air. De fines branches pelucheuses et épicées pour la literie que nous aurons ce soir, et une glorieuse berceuse de ce ruisseau en cascade. Jamais ruisseau n'a été nommé plus à juste titre, car autant que je l'ai suivi au-dessus et au-dessous de notre camp, il s'agit d'une floraison blanche et rebondissante continue de cascades. Et à la toute fin, infatigable, il termine sa course sauvage dans un grand bond de trois cents pieds ou plus jusqu'au fond du canon principal de Yosemite, près de la chute de Tamarack Creek, à quelques kilomètres au-dessous du pied de la vallée. Ces chutes rivalisent presque avec certaines des célèbres chutes de Yosemite. Jamais je n'oublierai ces joyeux chants en cascade, le grondement sourd, le rugissement, le choc vif et argenté de l'eau fraîche se précipitant exultant de forme en forme sous les embruns irisés ; ou dans la nuit profonde et calme, blanche dans l'obscurité, et sa multitude de voix sonnant encore plus impressionnantement sublimes. Ici, je trouve le petit ouzel d'eau aussi à l'aise que n'importe quelle linotte dans un bosquet feuillu, semblant prendre d'autant plus de plaisir que le ruisseau est plus bruyant. Les précipices vertigineux, l'énergie rapide affichée et les tons tonitruants des chutes abruptes sont impressionnants, mais il n'y a rien d'horrible chez ce petit oiseau. Son chant est doux et grave, et tous ses gestes, tandis qu'il vole au milieu du grand tumulte, témoignent de la force, de la paix et de la joie. En contemplant ces chéris de la nature sortant de leurs nids arrosés d'embruns au bord de ruisseaux sauvages, l'énigme de Samson nous vient à l'esprit : « Du fort sort la douceur. » Ce petit oiseau a une floraison encore plus belle que les cloches d'écume des piscines à remous. Doux oiseau, un message précieux que tu m'apportes. On ne comprend peut-être pas le sens du torrent, mais ta douce voix, seul l'amour est dedans.

13 juillet. Toute la journée, notre route s'est dirigée vers l'est, en passant par le bord du bassin du ruisseau Yosemite et vers le bas, à peu près à mi-chemin, où nous avons campé sur une feuille de granit poli par les glaciers, une base solide pour les lits. J'ai vu les traces d'un très gros ours sur le sentier et le Don a parlé des ours en général. J'ai dit que j'aimerais voir marcher le créateur de ces immenses traces, et le suivre pendant des jours, sans le déranger, pour apprendre quelque chose de la vie de ce maître bête du désert. Des agneaux, m'a dit le Don, nés dans la plaine, qui n'ont jamais vu ni entendu un ours, reniflent et courent de terreur lorsqu'ils sentent l'odeur, montrant à quel point ils ont hérité de la connaissance de leur ennemi. Les porcs, les mulets, les chevaux et le bétail ont peur des ours et sont saisis d'une terreur ingérable lorsqu'ils s'approchent, en particulier les porcs et les mulets. Les porcs sont fréquemment conduits vers les pâturages des contreforts de la chaîne côtière et de la Sierra, où les glands sont abondants, et sont rassemblés en troupeaux par centaines comme des moutons. Lorsqu'un ours arrive dans le pâturage, il le quitte aussitôt, émigreant en masse, généralement pendant la nuit, les gardiens étant impuissants à l'empêcher ; ils font ainsi preuve de plus de bon sens que les moutons, qui se dispersent simplement dans les rochers et les broussailles et attendent leur sort. Les mules fuient comme le vent avec ou sans cavaliers lorsqu'elles voient un ours et, si elles sont en piquet, elles se brisent parfois le cou en essayant de briser leurs cordes, bien que je n'aie jamais entendu parler d'ours tuant des mules ou des chevaux. On dit qu'ils aiment particulièrement les porcs, en enlevant les petits, les os et tout, sans choix de pièces. En particulier, M. Delaney m'a assuré que toutes les espèces d'ours de la Sierra sont très timides et que les chasseurs ont beaucoup plus de difficulté à s'approcher d'eux que des cerfs ou même de tout autre animal de la Sierra, et si j'étais inquiet pour en voir beaucoup, je devrais attendre et observer avec une patience indienne infinie et ne prêter attention à rien d'autre.

La nuit approche, les vagues de roches grises s'estompent au crépuscule. Comme cette région paraît crue et jeune ! Si la calotte glaciaire qui le recouvrait avait disparu hier, ses traces sur les parties les plus résistantes autour de notre camp ne pourraient guère être plus nettes qu'elles ne le sont aujourd'hui. Les chevaux, les moutons et nous tous, en effet, glissions sur les endroits les plus lisses.

14 juillet. Comme le sommeil est mortel dans cet air de montagne et le réveil rapide à la nouveauté de la vie ! Une aube calme, jaune et violette, puis des flots d'or solaire, faisant tout frémir et briller.

En une heure ou deux, nous arrivâmes à Yosemite Creek, le ruisseau qui constitue la plus grande de toutes les chutes de Yosemite. Il mesure environ quarante pieds de large au passage de Mono Trail, et maintenant environ quatre pieds de profondeur moyenne, coulant environ trois milles à l'heure. La distance jusqu'au bord du mur de Yosemite, où il fait son formidable plongeon, n'est qu'à environ deux milles d'ici. Calme, beau et presque silencieux, il glisse avec des gestes majestueux, une végétation dense de pins élancés à deux feuilles le long de ses rives et une frange de saules, de spirées pourpres, de carex, de marguerites, de lys et d'ancolies. Quelques carex et branches de saules plongent dans le courant, et juste à l'extérieur des rangs serrés d'arbres se trouve une plaine ensoleillée de sable graveleux lavé qui semble avoir été déposé par une ancienne inondation. Il est couvert de millions d'erethrea, d'eriogonum et d'oxytheca, avec plus de fleurs que de feuilles, formant une croissance régulière, légèrement capitonnée et ébouriffée çà et là par des rosettes de *Spraguea umbellata* . Derrière cette bande fleurie se trouve une plaine ondulée de granit massif, si doucement poli par la glace en de nombreux endroits qu'il scintille au soleil comme du verre. Dans les creux peu profonds, il y a des parcelles d'arbres, pour la plupart de la forme rugueuse du pin à deux feuilles, plutôt maigre là où il y a peu ou pas de terre. Aussi quelques genévriers (*Juniperus occidentalis*), courts et gros, à l'écorce couleur cannelle brillante et au feuillage gris, solitaires pour la plupart, sur le trottoir battu par le soleil, à l'abri du feu, accrochés par de légères articulations, - un alpiniste robuste qui résiste aux tempêtes d'un arbre, vivant du soleil et de la neige, conservant une santé difficile grâce à ce régime pendant peut-être plus de mille ans.

Vers la tête du bassin, je vois des groupes de dômes s'élevant au-dessus des crêtes ondulatoires, et quelques masses crénelées pittoresques, ainsi que des bandes et des parcelles sombres de sapin argenté, indiquant des dépôts de sol fertile. Puissais-je avoir le temps de les étudier ! Quelles riches excursions on pourrait faire dans ce bassin bien défini ! Ses inscriptions et sculptures glaciaires, comme elles semblent merveilleuses, comme nobles les études qu'elles offrent ! Je tremble d'excitation à l'aube de ces glorieuses sublimités montagneuses, mais je ne peux que regarder et m'émerveiller, et, comme un enfant, cueillir ici et là un lis, espérant à moitié pouvoir étudier et apprendre dans les années à venir.

Les conducteurs et les chiens ont eu un temps vif et laborieux pour faire traverser aux moutons le ruisseau, le deuxième grand ruisseau jusqu'à présent qu'ils ont été obligés de traverser sans pont ; le premier étant la fourche nord de la Merced près de Bower Cave. Hommes et chiens, criant et aboyant, poussaient en foule serrée ces créatures timides et craignant l'eau contre la berge, mais aucun membre du troupeau ne voulait s'élancer. Tandis qu'ils étaient ainsi coincés, le Don et le berger se précipitaient à travers la foule effrayée pour bousculer ceux qui les précédaient, mais cela ne ferait que provoquer une rupture en arrière, et ils s'enfuiraient à travers les arbres des berges du ruisseau et se disperseraient sur le trottoir rocheux. Puis, avec l'aide des chiens, les fuyards étaient à nouveau rassemblés et amenés à faire face au ruisseau, et de nouveau la masse compacte se détachait, au milieu de cris et d'aboiements sauvages qui auraient très bien pu perturber le ruisseau lui-même et gâcher la musique de ses chutes. ce que des visiteurs venus sans aucun doute des quatre coins du globe écoutaient. « Retenez-les là ! Maintenant, retenez-les là ! » cria le Don ; "Les premiers rangs se lasseront bientôt de la pression et seront heureux de se jeter à l'eau, alors tous sauteront et traverseront en toute hâte." Mais ils n'ont rien fait de tel ; ils n'ont évité la pression qu'en reculant par dizaines et par centaines, laissant la beauté des banques tristement piétinée.

Si l'on pouvait en faire passer un seul, tous se hâteraient de le suivre ; mais celui-là n'a pas pu être trouvé. Un agneau fut attrapé, transporté et attaché à un buisson sur la rive opposée, où il pleura piteusement sa mère. Mais bien que très inquiète, la mère l'a simplement rappelé. Ce jeu sur l'affection maternelle échoua et nous commençâmes à craindre d'être obligés de faire un long détour et de traverser successivement les nombreux affluents du ruisseau. Cela prendrait plusieurs jours, mais cela avait ses avantages, car j'avais hâte de voir les sources d'un ruisseau si célèbre. Don Quichotte, cependant, décida qu'ils devaient passer à gué juste ici, et commença immédiatement une sorte de siège en coupant des pins élancés sur la rive et en construisant un enclos à peine assez grand pour contenir le troupeau lorsqu'il était bien serré. Et comme le ruisseau formerait un côté du corral, il pensait qu'ils pourraient facilement être forcés à entrer dans l'eau.

En quelques heures, l'enceinte fut achevée, et les bêtes bêtes furent poussées à l'intérieur et enfoncées durement contre le bord du gué. Alors le Don, se frayant un chemin à travers la masse compactée, jeta de toutes ses forces quelques malheureux terrifiés dans le ruisseau ; mais au lieu de traverser, ils nageaient près de la berge, faisant des efforts désespérés pour rejoindre le troupeau. Puis une douzaine ou plus furent repoussés, et le Don, grand comme une grue et un bon échassier naturel, sauta après eux, saisit un bateau en difficulté et le traîna jusqu'à la rive opposée. Mais à peine l'a-t-il lâché prise qu'il a sauté dans le ruisseau et a nagé jusqu'à ses compagnons effrayés dans le corral, manifestant ainsi une nature de mouton aussi immuable que la gravitation. Pan, avec sa flûte, n'aurait pas eu plus de chance, je le crains. Nous étions maintenant assez déconcertés. Ces créatures idiotes préféreraient mourir de n'importe quelle manière plutôt que de traverser ce ruisseau. Convoquant un conseil, Don dégoulinant déclara que la famine était désormais le seul plan probable à tenter, et que nous pourrions tout aussi bien camper ici dans le confort et laisser le troupeau assiégé avoir faim et se rafraîchir, et reprendre ses esprits, s'il en avait. Quelques minutes après avoir été ainsi laissé seul, un aventurier du premier rang plongea et nagea courageusement jusqu'à la rive la plus éloignée. Puis tout à coup, tous se précipitèrent pêle-mêle, se piétinant sous l'eau, tandis que nous essayions vainement de les retenir. Le Don sauta au plus épais de la masse haletante, gargouillante et noyée, et les poussa de droite à gauche comme si chaque mouton était un morceau de bois flottant. Le courant servait également à les séparer ; une longue colonne courbée se forma bientôt et, en quelques minutes, tout fut terminé et commença à bavarder et à se nourrir comme si rien d'anormal ne s'était produit. Qu'aucun ne se soit noyé semble merveilleux. Je m'attendais vraiment à ce que des centaines de personnes connaissent le sort romantique d'être entraînées dans le Yosemite au-dessus de la plus haute cascade du monde.

Comme la journée était loin, nous campâmes un peu en retrait du gué et laissâmes le troupeau dégoulinant se disperser et se nourrir jusqu'au coucher du soleil. La laine est sèche maintenant, et une paix calme et ruminante s'est abattue sur toute la bande confortable, ne laissant aucune trace de la bataille aquatique. J'ai vu des poissons chassés de l'eau avec moins de peine qu'il n'en fallait pour y amener ces animaux. La cervelle de mouton doit sûrement être une pauvre chose. Comparez l'exposition d'aujourd'hui avec les performances de cerfs nageant tranquillement sur des rivières larges et rapides, et d'île en île dans les mers et les lacs ; ou avec des chiens, ou même avec les écureuils qui, comme le raconte l'histoire, traversent le fleuve Mississippi sur des copeaux sélectionnés, avec des queues pour voiles confortablement réglées au vent. Un mouton peut difficilement être appelé un animal ; il faut un troupeau entier pour rendre un seul individu insensé.

CHAPITRE V

LE YOSÉMITE

15 juillet. J'ai suivi le Mono Trail jusqu'au bord est du bassin presque jusqu'à son sommet, puis j'ai bifurqué vers le sud jusqu'à une petite vallée peu profonde qui s'étend jusqu'au bord du Yosemite, que nous avons atteint vers midi et où nous avons campé. Après le déjeuner, je me suis précipité vers les hauteurs et, du sommet de la crête du côté ouest d'Indian Cañon, j'ai acquis la vue la plus noble des sommets que j'aie jamais appréciée. Presque tout le bassin supérieur de la Merced était exposé, avec ses dômes et ses canons sublimes, ses forêts sombres et son magnifique tableau de sommets blancs au fond du ciel, chaque élément brillant, rayonnant de beauté qui se déverse dans notre chair et nos os comme les rayons de chaleur de feu. Du soleil par-dessus tout ; aucun souffle de vent pour attiser le calme maussade. Jamais auparavant je n'avais vu un paysage aussi glorieux, une richesse aussi illimitée de beauté sublime des montagnes. La description la plus extravagante que je pourrais donner de cette vue à quiconque n'a pas vu de ses propres yeux des paysages similaires ne ferait pas même allusion à sa grandeur et à l'éclat spirituel qui la recouvrait. J'ai crié et gesticulé dans un accès d'extase sauvage, au grand étonnement de saint Bernard Carlo, qui accourait vers moi, manifestant dans ses yeux intelligents une préoccupation perplexe et très ridicule, qui a eu pour effet de m'amener à mon sens. Il semblerait qu'un ours brun ait également été spectateur du spectacle que j'avais fait de moi-même, car je n'avais parcouru que quelques mètres lorsque j'en ai lancé un depuis un fourré de broussailles. De toute évidence, il me considérait comme dangereux, car il s'est enfui très vite, dégringolant dans sa hâte par-dessus les cimes des buissons de manzanita enchevêtrés. Carlo recula, les oreilles déprimées comme s'il avait peur, et continua de me regarder en face, comme s'il s'attendait à ce que je le poursuive et que je tire, car il avait vu bien des combats d'ours en son temps.

En suivant la crête, qui descendait graduellement vers le sud, j'arrivai enfin au sommet de cette falaise massive qui se dresse entre Indian Cañon et les chutes de Yosemite, et ici la célèbre vallée apparut soudainement sur presque toute son étendue. Les murs nobles – sculptés en une variété infinie de dômes et de pignons, de flèches et de créneaux et de simples précipices muraux – tremblent tous avec les tons tonitruants de l'eau qui tombe. Le fond plat semblait habillé comme un jardin : des prairies ensoleillées ici et là, et des bosquets de pins et de chênes ; le fleuve de Miséricorde balayant en majesté au milieu d'eux et renvoyant les rayons du soleil. Le grand Tissiack, ou Half-Dome, s'élevant à l'extrémité supérieure de la vallée jusqu'à une hauteur de près d'un mile, est noblement proportionné et réaliste, le plus impressionnant de tous les rochers, tenant l'œil avec une admiration dévote, l'appelant je revenais encore et encore des chutes ou des prairies, ou même des montagnes au-delà, des falaises merveilleuses, merveilleuses par leur profondeur vertigineuse et leur sculpture, des types d'endurance. Depuis des milliers d'années, ils se tiennent dans le ciel, exposés à la pluie, à la neige, au gel, aux tremblements de terre et aux avalanches, et pourtant ils portent toujours l'épanouissement de la jeunesse.

J'ai parcouru le bord de la vallée vers l'ouest ; la majeure partie est arrondie jusqu'au bord même, de sorte qu'il n'est pas facile de trouver des endroits où l'on puisse regarder clairement de la face du mur jusqu'au bas. Quand de tels endroits étaient découverts, et que j'avais soigneusement posé mes pieds et redressé mon corps, je ne pouvais m'empêcher de craindre un peu que le rocher ne se brise et ne me laisse tomber, et quelle chute ! — plus de trois mille pieds. Cependant mes membres ne tremblaient pas, et je n'éprouvais pas non plus la moindre incertitude quant à la confiance que l'on pouvait leur accorder. Ma seule crainte était qu'un éclat de granit, qui présentait par endroits des joints plus ou moins ouverts et parallèles à la face de la falaise, ne cède. Après m'être retiré de ces endroits, excité par la vue que j'avais, je me disais : « Maintenant, ne sors plus sur le bord. » Mais face au paysage de Yosemite, les remontrances prudentes sont vaines ; sous son charme, le corps semble aller où il veut avec une volonté sur laquelle nous semblons n'avoir pratiquement aucun contrôle.

Après environ un kilomètre et demi de ce travail mémorable sur la falaise, je me suis approché de Yosemite Creek, admirant ses gestes faciles, gracieux et confiants alors qu'il s'avançait courageusement dans son canal étroit, chantant le dernier de ses chants de montagne en route vers son destin : quelques cannes à pêche. plus sur le granit brillant, puis descendez un demi-mile dans une écume voyante vers un autre monde, pour vous perdre dans la Merced, où le climat, la végétation, les habitants sont tous différents. Émergeant de sa dernière gorge, il glisse dans de larges rapides en forme de dentelle sur une pente douce jusqu'à un bassin où il semble se reposer et composer ses eaux grises et agitées avant de faire le grand plongeon, puis de glisser lentement sur le rebord du bassin de la piscine, il descend une autre pente brillante à une vitesse rapidement accélérée jusqu'au bord de l'énorme falaise, et avec une confiance sublime et fatidique s'élance librement dans les airs.

J'ai enlevé mes chaussures et mes bas et j'ai progressé prudemment le long de l'inondation impétueuse, en gardant mes pieds et mes mains fermement appuyés sur la roche polie. L'eau bruyante et rugissante qui se précipitait près de ma tête était très excitante. Je m'attendais à ce que le tablier en pente se termine par la paroi perpendiculaire de la vallée, et que du pied de celle-ci, où elle est moins fortement inclinée, je puisse me pencher assez loin pour voir les formes et le comportement de la chute. tout en bas. Mais je découvris qu'il y avait encore un autre petit front au-dessus duquel je ne pouvais pas voir et qui semblait trop raide pour les pieds d'un mortel. En le parcourant attentivement, j'ai découvert une étagère étroite d'environ trois pouces de large tout au bord, juste assez large pour y reposer les talons. Mais il semblait impossible de l'atteindre par un front aussi raide. Enfin, après un examen minutieux de la surface, je trouvai un bord irrégulier d'un éclat de roche à quelque distance en arrière du bord du torrent. Si je devais m'approcher du bord, ce bord rugueux, qui pouvait offrir de légères prises de doigts, était le seul moyen. Mais la pente à côté semblait dangereusement douce et raide, et le torrent rugissant en dessous, au-dessus de moi et à côté de moi était très éprouvant pour les nerfs. J'ai donc décidé de ne pas m'aventurer plus loin, mais je l'ai néanmoins fait. Des touffes d'armoise poussaient dans les fentes du rocher à proximité, et je remplis ma bouche de feuilles amères, espérant qu'elles pourraient aider à prévenir les vertiges. Puis, avec une prudence inconnue dans des circonstances ordinaires, je me suis glissé en toute sécurité jusqu'au petit rebord, j'ai bien planté mes talons dessus, puis j'ai traîné dans une direction horizontale vingt ou trente pieds jusqu'à ce que je sois proche du courant plongeant qui, au moment où il était déjà descendu, il était déjà blanc. Ici, j'ai obtenu une vue parfaitement libre sur le cœur de la foule enneigée et chantante de banderoles ressemblant à des comètes, dans laquelle le corps de la chute se sépare bientôt.

Tandis que j'étais perché sur cette niche étroite, je n'avais pas vraiment conscience du danger. L'énorme grandeur de la chute en forme, en son et en mouvement, agissant à courte distance, a étouffé le sentiment de peur, et dans de tels endroits, le corps prend grand soin de sa sécurité. Combien de temps je suis resté là-bas, ni comment je suis revenu, je peux difficilement le dire. Quoi qu'il en soit, j'ai passé un moment glorieux et je suis rentré au camp vers la nuit tombée, profitant d'une exaltation triomphale bientôt suivie d'une sourde lassitude. Désormais, j'essaierai d'éviter des endroits aussi extravagants et stressants. Pourtant, une telle journée vaut bien la peine de s'y aventurer. Ma première vue de la High Sierra, ma première vue sur Yosemite, le chant de mort de Yosemite Creek et son vol au-dessus de la vaste falaise, chacun d'eux est à lui seul suffisant pour une grande fortune paysagère pour toute une vie - un moment des plus mémorables. jour après jour – un plaisir suffisant pour tuer si cela était possible.

16 juillet. Mes jouissances d'hier après-midi, surtout à la tête de l'automne, étaient trop grandes pour bien dormir. J'ai continué à démarrer la nuit dernière dans un tremblement nerveux, à moitié éveillé, pensant que les fondations de la montagne sur laquelle nous campions avaient cédé et tombaient dans la vallée de Yosemite. En vain je me suis réveillé pour prendre un nouveau départ vers un sommeil profond. La tension nerveuse avait été trop forte et je rêvais encore et encore que je courais dans les airs au-dessus d'une glorieuse avalanche d'eau et de rochers. Un jour, me levant d'un bond, je dis : « Cette fois, c'est réel : tout le monde doit mourir, et où un alpiniste pourrait-il trouver une mort plus glorieuse ! »

Nous avons quitté le camp peu après le lever du soleil pour une randonnée d'une journée entière vers l'est. Nous avons traversé la tête du bassin indien, boisé d' *Abies magnifica* , sous-bois principalement *de Ceanothus cordulatus* et de manzanita, un mélange difficile à piétiner ou à pénétrer, car le ceanothus est épineux et pousse dans des masses denses et pressées par la neige, et la manzanita est extrêmement tordue et têtue. branches. De la tête du canyon, nous avons continué en passant par North Dome dans le bassin de Dome ou Porcupine Creek. Voici de nombreuses belles prairies enchâssées dans les bois, riches de *Lilium parvum* et de ses compagnons ; l'élévation, environ huit mille pieds, semble être la mieux adaptée pour cela - j'ai vu des spécimens qui étaient un pied ou deux plus haut que ma tête. J'avais des vues plus magnifiques sur les hautes montagnes et sur le grand Dôme Sud, considéré comme le plus grand rocher du monde. C'est peut-être le cas, car ses dimensions et sa sculpture sont si nobles. Un monument merveilleusement impressionnant, dont les lignes sont d'une finesse exquise et, bien que de taille sublime, est fini comme la plus belle œuvre d'art et semble vivant.

17 juillet. Un nouveau camp a été établi aujourd'hui dans un magnifique bosquet de sapins argentés à la tête d'un petit ruisseau qui se jette dans Yosemite par l'Indian Cañon. Nous comptons y rester plusieurs semaines, endroit idéal pour faire des excursions dans la grande vallée et ses fontaines. Des jours glorieux, je passerai à dessiner, à presser des plantes, à étudier la magnifique topographie et les animaux sauvages, nos heureux compagnons mortels et voisins. Mais les vastes montagnes au loin, les connaîtrai-je un jour, serai-je autorisé à entrer au milieu d'elles et à demeurer avec elles ?

> *Les Dômes Nord et Sud*

Nous avons été frappés vers midi par une courte et forte tempête de pluie, un tonnerre sublime se répercutant parmi les montagnes et les canons, - quelques coups proches, s'écrasant, résonnant dans l'air tendu et vif avec une acuité surprenante, tandis que les sommets lointains se dressaient glorieusement à travers les franges et les draps des nuages. de pluie. Maintenant, la tempête est passée et l'air frais et lavé est plein des essences des jardins fleuris et des bosquets. Les tempêtes hivernales à Yosemite doivent être glorieuses. Puis-je les voir!

J'ai fait faire mon lit dans notre nouveau camp, moelleux, somptueux et délicieusement parfumé, la plupart étant constitué de *magnifiques* panaches de sapin, bien sûr, avec une variété de fleurs douces dans l'oreiller. J'espère dormir cette nuit sans rêves nerveux chancelants. J'ai observé un cerf manger des feuilles et des brindilles de ceanothus.

18 juillet. J'ai plutôt bien dormi ; les parois de la vallée ne semblaient pas s'effondrer, même si je me croyais toujours au bord du flot blanc et plongeant, surtout à moitié endormi. Il est étrange que le danger de cette aventure soit plus gênant maintenant que je suis au sein des bois paisibles, à un mille ou plus de la chute, qu'il ne l'était lorsque j'étais au bord de celle-ci.

Les ours semblent être communs ici, à en juger par leurs traces. Vers midi, nous avons eu une autre tempête de pluie avec un tonnerre violent et surprenant, les notes métalliques, tintantes, s'entrechoquant, s'estompant progressivement en basses graves roulant et marmonnant au loin. Pendant quelques minutes, la pluie tomba en grand torrent comme une cascade, puis la grêle ; certains grêlons mesuraient un pouce de diamètre, étaient durs, glacés et de forme irrégulière, comme ceux qu'on voit souvent dans le Wisconsin. Carlo les regardait avec un étonnement intelligent alors qu'ils se déplaçaient en se débattant à travers les branches frémissantes des arbres. Le paysage nuageux sublime. Après-midi calme, ensoleillé et clair, avec une délicieuse fraîcheur et le parfum des sapins, des fleurs et du sol fumant.

19 juillet. Regarder l'aube et le lever du soleil. Le ciel rose pâle et violet se changeant doucement en jaune et blanc jonquille, les rayons du soleil se déversant à travers les cols entre les sommets et sur les dômes de Yosemite, faisant brûler leurs bords ; les sapins argentés au milieu captent la lueur de leurs cimes pointues, et notre bosquet de camp se remplit et vibre de cette lumière glorieuse. Tout s'éveille alerte et joyeux ; les oiseaux et d'innombrables insectes commencent à s'agiter. Les cerfs se retirent tranquillement dans les cachettes verdoyantes du chaparral ; la rosée disparaît, les fleurs étendent leurs pétales, chaque pouls bat fort, chaque cellule de vie se réjouit, les rochers eux-mêmes semblent vibrer de vie. Le paysage tout entier brille comme un visage humain dans une gloire d'enthousiasme, et le ciel bleu, pâle autour de l'horizon, se penche paisiblement sur tout comme une vaste fleur.

Vers midi, comme d'habitude, de gros cumulus autoritaires ont commencé à pousser au-dessus de la forêt, et la tempête de pluie qui en sort est la plus imposante que j'aie jamais vue. Les éclairs argentés en zigzag sont plus longs que d'habitude, et le tonnerre est glorieusement impressionnant, vif, fracassant, intensément concentré, parlant avec une énergie si formidable qu'il semblerait qu'une montagne entière soit brisée à chaque coup, mais probablement seulement quelques arbres sont brisés. brisés, dont j'ai vu beaucoup au cours de mes promenades par ici, jonchant le sol. Enfin, aux traits clairs et sonores succèdent des tons graves et profonds qui s'affaiblissent progressivement à mesure qu'ils roulent au loin dans les recoins des montagnes résonnantes, où ils semblent être les bienvenus chez eux. Puis un autre et un autre carillon, ou plutôt un coup fracassant et éclatant, se succèdent rapidement, fendant peut-être un pin ou un sapin géant de haut en bas en longs rails et éclats, et les dispersant à tous les points de la boussole. Maintenant vient la pluie, avec sa grandeur extravagante correspondante, couvrant le sol haut et bas d'une nappe d'eau qui coule, un film transparent posé comme une peau sur l'anatomie accidentée du paysage, faisant scintiller et briller les rochers, se rassemblant dans les ravins, inondant les ruisseaux et les faisant crier et gronder en réponse au tonnerre.

Comme c'est intéressant de retracer l'histoire d'une seule goutte de pluie ! Il n'y a pas longtemps, géologiquement parlant, comme nous l'avons vu, les premières gouttes de pluie sont tombées sur les nouveaux paysages sans feuilles de la Sierra. Comme le sort de ceux qui tombent maintenant est différent ! Heureuses les averses qui tombent sur un si beau désert, — à peine une seule goutte ne peut manquer de trouver un bel endroit — sur les sommets des sommets, sur les brillants trottoirs des glaciers, sur les grands dômes lisses, sur les forêts, les jardins et les broussailles. moraines, clapotis, reflets, crépitements, laving. Les uns vont aux hautes fontaines enneigées pour gonfler leurs provisions bien conservées ; certains dans les lacs, lavant les fenêtres des montagnes, tapotant leurs niveaux lisses et vitreux, créant des fossettes, des bulles et des embruns ; certains dans les cascades et les cascades, comme s'ils étaient impatients de se joindre à leur danse et à leur chant et de battre leur écume encore plus fine ; bonne chance et bon travail pour les joyeuses gouttes de pluie des montagnes, chacune d'elles étant une haute cascade en elle-même, descendant des falaises et des creux des nuages vers les falaises et les creux des rochers, du ciel-tonnerre dans le tonnerre du rivières qui tombent. Certains, tombant sur les prairies et les tourbières, rampent silencieusement hors de vue jusqu'aux racines de l'herbe, se cachant doucement comme dans un nid, glissant, suintant ici, là, cherchant et trouvant le travail qui leur est assigné. Certains, descendant à travers les flèches des bois, tamisent les embruns à travers les aiguilles brillantes, murmurant paix et bonne humeur à chacun d'eux. Quelques gouttes avec un but heureux scintillent sur les flancs des cristaux, quartz, hornblende, grenat, zircon, tourmaline, feldspath, crépitent sur les grains d'or et les lourdes pépites usées ; certains, avec des plap-plap émoussés et des tambours graves, tombent sur les larges feuilles du veratrum, de la saxifrage, du cypripedium. Quelques joyeuses gouttes tombent directement dans les calices des fleurs, embrassant les lèvres des lys. Jusqu'où ils doivent aller, combien de coupes à remplir, grandes et petites, des cellules trop petites pour être vues, des coupes contenant une demi-goutte ainsi que des bassins de lacs entre les collines, chacun rempli avec le même soin, chaque goutte contenant tout le bienheureux. se pressent une étoile argentée nouveau-née avec lac et rivière, jardin et bosquet, vallée et montagne, tout ce que le paysage contient reflété dans ses profondeurs cristallines, messager de Dieu, ange d'amour envoyé sur son chemin avec majesté, pompe et démonstration de puissance qui font de l'homme les plus grands spectacles sont ridicules.

Maintenant, la tempête est passée, le ciel est clair, la dernière onde de tonnerre se propage sur les sommets, et où sont les gouttes de pluie maintenant ? Qu'est devenue toute cette foule brillante ? Dans la vapeur ailée qui s'élève, certains se précipitent déjà vers le ciel, certains sont entrés dans les plantes, se faufilant par des portes invisibles dans les salles rondes des cellules, certains sont enfermés dans des cristaux de glace, certains dans des cristaux de roche, certains dans des moraines poreuses pour les retenir. leurs petites sources coulant, certains ont continué leur voyage dans les rivières pour rejoindre la plus grosse goutte de pluie de l'océan. De forme en forme, de beauté en beauté, en constante évolution, sans jamais se reposer, tous avancent avec l'enthousiasme de l'amour, chantant avec les étoiles le chant éternel de la création.

20 juillet. Belle matinée calme ; air tendu et clair; pas la moindre brise ne souffle ; tout brille, les rochers avec des cristaux humides, les plantes avec de la rosée, chacune recevant sa part de gouttes de rosée irisée et de soleil comme des êtres vivants prenant leur petit-déjeuner, leur manne de rosée descendant du ciel étoilé comme des essaims d'étoiles plus petites. Comme les particules de rosée sont merveilleusement fines, il en faut des milliers pour une seule goutte, poussant dans l'obscurité aussi silencieusement que l'herbe ! Quels efforts sont pris pour garder ce désert en bonne santé : averses de neige, averses de pluie, averses de rosée, flots de lumière, flots de vapeurs invisibles, nuages, vents, toutes sortes de temps, interaction de plante sur plante, d'animal sur animal, etc., au-delà de la pensée ! Comme les méthodes de la nature sont belles ! Comme la beauté est profondément recouverte par la beauté ! le sol couvert de cristaux, les cristaux de mousses et de lichens, d'herbes et de fleurs à faible étalement, ceux-ci avec des plantes plus grandes, feuille sur feuille, aux couleurs et aux formes toujours changeantes, les larges paumes des sapins s'étalant dessus, le dôme azur sur tout comme une campanule et une étoile au-dessus de l'étoile.

Là-bas se dresse le Dôme Sud, dont la couronne s'élève au-dessus de notre camp, bien que sa base soit à quatre mille pieds au-dessous de nous ; un rocher des plus nobles, il semble plein de pensées, revêtu d'une lumière vivante, sans aucun sentiment de pierre morte, tout spiritualisé, ni lourd ni léger, inébranlable dans une force sereine comme un dieu.

Notre berger est un personnage étrange et difficile à placer dans ce désert. Son lit est un creux fait de poussière punky rouge et pourrie à côté d'une bûche qui forme une partie du mur sud du corral. Ici, il repose avec ses merveilleux vêtements éternels, enveloppé dans une couverture rouge, respirant non seulement la poussière du bois pourri mais aussi celle du corral, comme s'il était déterminé à prendre du tabac à priser ammoniacal toute la nuit après avoir chiqué du tabac toute la journée. À la suite du mouton, il porte d'un côté un lourd canon à six coups suspendu à sa ceinture et de l'autre son déjeuner. L'ancien tissu dans lequel la viande fraîchement sortie de la poêle est attachée sert de filtre à travers lequel la graisse claire et le jus de sauce s'égouttent sur sa hanche et sa jambe droites en amas de stalactites. Cette formation oléagineuse est cependant bientôt brisée et diffusée et frottée uniformément dans ses rares vêtements, en s'asseyant, en se retournant, en croisant les jambes en s'appuyant sur des bûches, etc., rendant la chemise et le pantalon imperméables et brillants. Son pantalon, en particulier, est devenu si adhésif avec le mélange de graisse et de résine que des aiguilles de pin, de minces flocons et fibres d'écorce, des cheveux, des écailles de mica et de minuscules grains de quartz, de hornblende, etc., des plumes, des ailes de graines, des papillons de nuit et des papillons. les ailes, les pattes et les antennes d'innombrables insectes, ou même des insectes entiers tels que les petits coléoptères, les papillons de nuit et les moustiques, avec des pétales de fleurs, de la poussière de pollen et même des morceaux de toutes les plantes, animaux et minéraux de la région y adhèrent et sont incrustés en toute sécurité. , de sorte que, bien que loin d'être naturaliste, il collectionne des spécimens fragmentaires de tout et devient plus riche qu'il ne le pense. Ses spécimens sont également conservés passablement frais grâce à la pureté de l'air et aux lits bitumineux résineux dans lesquels ils sont pressés. L'homme est un microcosme, du moins notre berger l'est, ou plutôt son pantalon. Ces précieuses combinaisons ne s'enlèvent jamais et personne ne sait quel âge elles ont, même si l'on peut le deviner à leur épaisseur et à leur structure concentrique. Au lieu de s'user finement, ils s'usent épais et, dans leur stratification, ils ont une signification géologique non négligeable.

En plus de garder les moutons, Billy est le boucher, tandis que j'ai accepté de laver les quelques ustensiles en fer et en étain et de faire le pain. Ensuite, ces petits devoirs accomplis, au moment où le soleil est assez au-dessus des sommets des montagnes, je suis au-delà du troupeau, libre d'errer et de me délecter dans le désert pendant tous les grands jours immortels.

Esquisse sur le Dôme Nord. Il offre une vue sur presque toute la vallée, à l'exception de quelques hautes montagnes. J'aimerais dessiner tout ce qui est en vue : le rocher, l'arbre et la feuille. Mais je ne peux pas faire grand-chose au-delà de simples contours, des marques avec des significations comme des mots, lisibles par moi seul, et pourtant j'aiguise mes crayons et je travaille comme si d'autres pouvaient en bénéficier. Que ces feuilles d'images doivent disparaître comme des feuilles mortes ou parvenir à des amis comme des lettres, peu importe ; car ils ne peuvent pas dire grand chose à ceux qui n'ont pas eux-mêmes vu une pareille sauvagerie et qui ne l'ont pas appris comme une langue. Pas de douleur ici, pas d'heures vides et ennuyeuses, pas de peur du passé, pas de peur du futur. Ces montagnes bénies sont si compactes remplies de la beauté de Dieu qu'aucun petit espoir ou expérience personnelle n'a de place. Boire cette eau de champagne est un pur plaisir, respirer l'air vivant aussi, et chaque mouvement des membres est un plaisir, tandis que le corps tout entier semble ressentir la beauté lorsqu'il y est exposé, comme il sent le feu de camp ou le soleil, n'y entrant pas par les yeux. seul, mais également à travers toute la chair comme une chaleur rayonnante, faisant briller un plaisir passionné et extatique inexplicable. Le corps semble alors homogène, sain comme un cristal. Perché comme une mouche sur ce dôme de Yosemite, je regarde, dessine et me prélasse, m'installant souvent dans une admiration muette sans espoir précis d'apprendre grand-chose, mais avec l'effort nostalgique et inquiétant qui se trouve à la porte de l'espoir, humblement prosterné devant le vaste démonstration de la puissance de Dieu, et désireux d'offrir l'abnégation et le renoncement avec un labeur éternel pour apprendre n'importe quelle leçon du manuscrit divin.

Il est plus facile de ressentir que de réaliser, ou d'expliquer de quelque manière que ce soit, la grandeur de Yosemite. Les dimensions des rochers, des arbres et des ruisseaux sont si délicatement harmonisées qu'elles sont pour la plupart cachées. Des précipices abrupts, hauts de trois mille pieds, sont bordés de grands arbres qui poussent serrés comme de l'herbe au sommet d'une colline de plaine, et qui s'étendent au pied de ces précipices par un ruban de prairie d'un mille de large et de sept ou huit de long, qui ressemble à une bande. l'agriculteur pourrait tondre en moins d'une journée. Les cascades, hautes de cinq cents à mille pieds, sont si subordonnées aux puissantes falaises sur lesquelles elles se déversent qu'elles ressemblent à des volutes de fumée, douces comme des nuages flottants, bien que leurs voix remplissent la vallée et fassent trembler les rochers. Les montagnes aussi, le long du ciel oriental, et les dômes devant elles, et la succession de vagues douces et arrondies entre elles, s'élevant de plus en plus haut, avec des bois sombres dans leurs creux, sereines dans leur masse massive et exubérante et leur beauté, tendent encore plus vers l'est. pour cacher la grandeur du temple de Yosemite et le faire apparaître comme un élément subordonné et discret du vaste paysage harmonieux. Ainsi, toute tentative visant à apprécier une caractéristique quelconque est repoussée par l'influence écrasante de toutes les autres. Et comme si cela ne suffisait pas, voilà ! dans le ciel s'élève une autre chaîne de montagnes avec une topographie aussi accidentée et aussi substantielle que celle qui se trouve en dessous - des sommets et des dômes enneigés et des vallées ombragées de Yosemite - une autre version de la Sierra enneigée, une nouvelle création annoncée par un orage. Comme la nature est farouchement et dévotement sauvage au milieu de sa tendresse amoureuse de la beauté ! — peindre des lys, les arroser, les caresser d'une main douce, aller de fleur en fleur comme un jardinier tout en construisant des montagnes de rochers et des montagnes de nuages pleines d'éclairs et de pluie. . Nous courons volontiers nous abriter sous une falaise en surplomb et examinons les fougères et les mousses rassurantes, de doux témoignages d'amour poussant dans les fissures et les fentes. Les marguerites aussi, et les ivesias, confient les enfants sauvages de la lumière, trop petits pour avoir peur. C'est vers eux que le cœur rentre chez soi, et les voix de la tempête deviennent douces. Maintenant, le soleil se lève et une vapeur parfumée s'élève. Les oiseaux chantent aux lisières des bosquets. L'ouest flambe d'or et de violet, prêt pour la cérémonie du coucher du soleil, et je retourne au camp avec mes notes et mes photos, les meilleures d'entre elles étant imprimées dans mon esprit sous forme de rêves. Une journée fructueuse, sans début ni fin mesurée. Une éternité terrestre. Un don du bon Dieu.

J'ai écrit à ma mère et à quelques amis, des allusions à la montagne pour chacun. Ils semblent aussi proches que s'ils étaient à portée de voix ou de toucher. Plus la solitude est profonde, moins le sentiment de solitude est grand et plus nos amis sont proches. Maintenant du pain et du thé, un lit de sapin et bonne nuit à Carlo, un regard sur les lis du ciel et un sommeil de mort jusqu'à l'aube d'une autre Sierra demain.

21 juillet. Esquisse sur le Dôme : pas de pluie ; Vers midi, les nuages remplissaient le ciel, projetant des ombres d'un bel effet sur les montagnes blanches aux têtes des ruisseaux, et une couverture apaisante sur les jardins pendant les heures chaudes.

J'ai vu une mouche domestique commune, une sauterelle et un ours brun. La mouche et la sauterelle m'ont rendu une joyeuse visite au sommet du Dôme, et j'ai rendu visite à l'ours au milieu d'un petit pré-jardin entre le Dôme et le camp où il se tenait aux aguets parmi les fleurs comme s'il voulait être vu à son avantage. Je n'avais pas parcouru plus d'un demi-mille du camp ce matin, lorsque Carlo, qui trottait quelques mètres devant moi, s'est arrêté brusquement et prudemment. La queue et les oreilles descendirent, et son nez connaisseur s'avança, tandis qu'il semblait dire : « Ha, qu'est-ce que c'est ? Un ours, je suppose. Puis une avancée prudente de quelques pas, posant doucement ses pieds comme un chat de chasse, et interrogeant l'air sur l'odeur qu'il avait captée jusqu'à ce que tout doute disparaisse. Puis il revint vers moi, me regarda en face et, de ses yeux parlants, me signala un ours à proximité ; puis il avançait doucement, avec soin, comme un chasseur expérimenté, à ne pas faire le moindre bruit ; et se retournant fréquemment comme pour murmurer : « Oui, c'est un ours ; viens et je te montrerai. Bientôt, nous arrivâmes à un endroit où les rayons du soleil coulaient entre les tiges violettes des sapins, ce qui indiquait que nous approchions d'un endroit dégagé, et ici Carlo vint derrière moi, visiblement sûr que l'ours était très proche. Je me suis donc glissé jusqu'à une crête basse de rochers morainiques au bord d'une étroite prairie de jardin, et dans cette prairie, j'étais presque sûr que l'ours devait se trouver. J'avais hâte de bien observer le robuste montagnard sans l'alarmer ; alors, me hissant sans bruit derrière l'un des plus grands arbres, je regardai au-delà de ses contreforts bombés, n'exposant qu'une partie de ma tête, et là se tenait le voisin Bruin à un jet de pierre, ses hanches couvertes d'herbes hautes et de fleurs, et son voisin Bruin. ses pattes avant sur un tronc de sapin tombé dans la prairie, ce qui lui relevait la tête si haut qu'il semblait debout. Il ne m'avait pas encore vu, mais il regardait et écoutait attentivement, montrant que d'une certaine manière il était conscient de notre approche. J'ai observé ses gestes et j'ai essayé de profiter au maximum de l'opportunité d'apprendre ce que je pouvais sur lui, craignant qu'il ne m'aperçoive et s'enfuie. Car on m'avait dit que cette sorte d'ours, le cannelle, fuyait toujours son mauvais frère, ne se montrant jamais combatif à moins d'être blessé ou pour défendre ses petits. Il a fait une image révélatrice en alerte dans le jardin forestier ensoleillé. Comme il a bien joué son rôle, en harmonisant le volume, la couleur et les cheveux hirsutes avec les troncs des arbres et la végétation luxuriante, un élément aussi naturel que n'importe quel autre dans le paysage. Après avoir examiné à loisir, notant le museau pointu poussé vers l'avant d'un air interrogateur, les longs cheveux hirsutes sur sa large poitrine, les oreilles raides et dressées presque enfouies dans les cheveux, et la manière lente et lourde avec laquelle il bougeait la tête, j'ai pensé que j'aimerais voir sa démarche en courant, alors je me précipitai brusquement vers lui, criant et balançant mon chapeau pour l'effrayer, m'attendant à le voir se hâter de s'enfuir. Mais à ma grande consternation, il n'a pas couru et n'a montré aucun signe de fuite. Au contraire, il se tenait debout, prêt à se battre et à se défendre, baissait la tête, la poussa en avant et me regardait avec acuité et férocité. Puis j'ai soudain commencé à craindre que la tâche de courir ne m'incombe ; mais j'avais peur de courir et c'est pourquoi, comme l'ours, je tenais bon. Nous nous regardions dans un silence solennel à une douzaine de mètres environ, tandis que j'espérais ardemment que le pouvoir de l'œil humain sur les bêtes sauvages se révélerait aussi grand qu'on le prétend. Combien de temps a duré notre entretien terriblement pénible, je ne le sais pas ; mais finalement, avec la lente plénitude du temps, il retira ses énormes pattes du rondin et, avec une magnifique délibération, se tourna et marcha tranquillement dans la prairie, s'arrêtant fréquemment pour regarder par-dessus son épaule pour voir si je le poursuivais, puis repartant. encore une fois, visiblement ne me craignant pas beaucoup et ne me faisant pas confiance. Il pesait probablement environ cinq cents livres, un large paquet rouillé d'une sauvagerie ingérable, un garçon heureux dont les lignes sont tombées dans des endroits agréables. La clairière fleurie dans laquelle je l'ai si bien vu, encadrée comme un tableau, est une des meilleures que j'aie encore découvertes, un conservatoire des précieuses plantes végétales de la nature. De grands lys balançaient leurs clochettes sur le dos de cet ours, avec des géraniums, des pieds d'alouette, des ancolies et des marguerites effleurant ses flancs. Un endroit pour les anges, dirait-on, plutôt que pour les ours.

Dans les grands canons, Bruin règne en maître. Heureux homme, qu'aucune famine ne peut atteindre tant qu'une de ses mille sortes de nourriture lui est épargnée. Son pain est sûr en toutes saisons, rangé sur les étagères des montagnes comme les provisions d'un garde-manger. De l'un à l'autre, il monte ou descend, goûtant et appréciant tour à tour sous des climats différents, comme s'il avait parcouru des milliers de kilomètres vers d'autres pays du nord ou du sud pour profiter de leurs productions variées. J'aimerais mieux connaître mes frères poilus, mais après que cet ours de Yosemite, mon très voisin, ait disparu hors de vue ce matin, je suis retourné au camp à contrecœur pour récupérer le fusil du Don afin de lui tirer dessus, si nécessaire, pour défendre le pays. troupeau. Heureusement, je n'ai pas pu le trouver et après l'avoir suivi sur un kilomètre ou deux en direction du mont Hoffman, je lui ai dit bon courage et suis retourné avec plaisir à mon travail sur le dôme de Yosemite.

La mouche domestique semblait également chez elle et bourdonnait autour de moi pendant que j'étais assis à dessiner et que je profitais de mon entretien avec l'ours maintenant qu'il était terminé. Je me demande ce qui attire les mouches domestiques si haut dans les montagnes, lourdes mangeuses, sensibles au froid et friandes de confort domestique. Comment ont-ils été répartis d'un continent à l'autre, à travers les mers, les déserts et les chaînes de montagnes, généralement si influents dans la détermination des limites des espèces végétales et animales. Les coléoptères et les papillons sont parfois limités à de petites zones. Chaque montagne d'une chaîne, et même les différentes zones d'une montagne, peuvent avoir leurs propres espèces particulières. Mais la mouche domestique semble être partout. Je me demande s'il existe une île au milieu de l'océan sans mouche. La bouteille bleue est abondante dans ces bois de Yosemite, toujours prête avec sa merveilleuse réserve d'œufs à faire voler toutes les chaires mortes. Les bourdons sont présents et se nourrissent bien de réserves illimitées de nectar et de pollen. L'abeille domestique, bien qu'abondante dans les contreforts, n'a pas encore atteint une telle hauteur. Cela fait seulement quelques années que le premier essaim a été introduit en Californie.

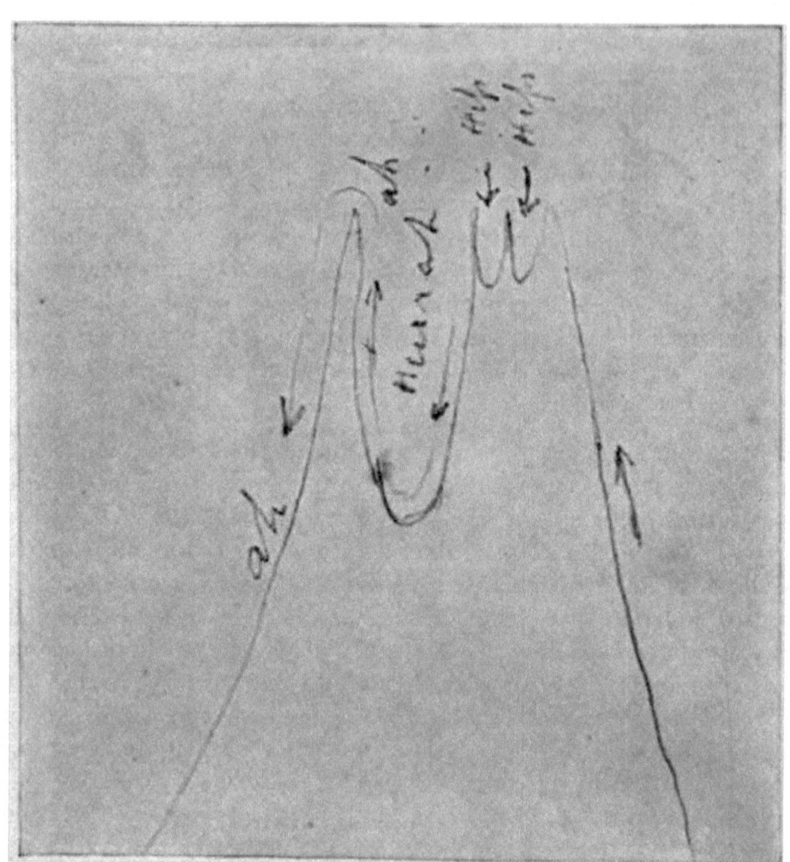

PISTE DE SAUTERELLE DANSANTE CHANTANTE DANS L'AIR AU-DESSUS DU DÔME NORD

La sauterelle est un drôle de garçon et un joyeux garçon. Il fait des excursions dans les montagnes, je ne sais pas à quelle hauteur, mais au moins aussi loin et aussi haut que les touristes de Yosemite. J'ai été très intéressé par le plaisir chaleureux de celui qui a dansé et chanté pour moi au Dôme cet après-midi. Il semblait débordant d'une énergie joyeuse et hilarante, se manifestant en sautant dans les airs à une hauteur de vingt ou trente pieds, puis en plongeant et en se relevant à nouveau et en émettant un hochet musical aigu juste au moment où le point le plus bas de la descente était atteint. De haut en bas une douzaine de fois, il dansa et chanta, puis se leva pour se reposer, puis se releva et recommença. Les courbes qu'il décrivait dans l'air en plongeant et en cliquetant ressemblaient à celles formées par des cordes suspendues lâchement et attachées à la même hauteur aux extrémités, les boucles se recouvrant presque les unes les autres. Je n'ai jamais vu ou entendu une jouissance de la vie plus courageuse, plus chaleureuse, plus vive et insouciante chez aucune créature, grande ou petite. La vie de ce comique redlegend, l'enfant le plus joyeux de la montagne, semble être faite d'une gaieté pure et condensée. L'écureuil Douglas est la seule créature vivante à laquelle je puisse le comparer dans sa gaieté exubérante, exubérante et irrépressible. Merveilleux que ces montagnes sublimes soient si bruyamment acclamées et éclairées par une créature si étrange. La nature en lui semble claquer des doigts face à toute la tristesse et à la mélancolie terrestres avec un hip-hip-hourra enfantin. Comment est fait le son, je ne comprends pas. Lorsqu'il était au sol, il ne faisait pas le moindre bruit, ni lorsqu'il volait simplement d'un endroit à l'autre, mais seulement lorsqu'il plongeait dans des courbes, le mouvement semblant être requis pour le son ; car plus la plongée est vigoureuse, plus les éclats de joyeux cliquetis correspondants sont énergiques. J'essayais de l'observer de près pendant qu'il se reposait pendant les intervalles de ses représentations ; mais il ne permettait pas une approche rapprochée, préparant toujours ses jambes sauteuses à bondir pour un vol immédiat et gardant les yeux sur moi. Un beau sermon que le petit garçon a dansé pour moi sur le Dôme, un endroit propice à la recherche de sermons dans les pierres, mais pas de sermons de sauterelles. Une chaire grande et imposante pour un si petit prédicateur. Aucun danger de faiblesse dans les genoux du monde alors que la nature peut déclencher un tel râle. Même l'ours n'a pas exprimé pour moi la santé, la force et le bonheur sauvages de la montagne de manière aussi révélatrice que cette petite trémie comique. Aucun nuage d'inquiétude à son époque, aucun hiver de mécontentement en vue. Pour lui, chaque jour est un jour férié ; et quand enfin son soleil se couchera, j'imagine qu'il se blottira sur le sol de la forêt et mourra comme les feuilles et les fleurs, et comme elles ne laisseront aucun reste disgracieux appelant à l'enterrement.

Le coucher du soleil et je dois camper. Bonne nuit, mes trois amis, ours brun, rocher robuste et énergique dans les bosquets et les jardins, beau comme l'Eden ; une mouche agitée et difficile, aux ailes vaporeuses, qui brasse l'air du monde entier ; et sauterelle, étincelle de joie vive et électrique animant la sublimité massive des montagnes comme le rire d'un enfant. Merci, merci à vous trois pour votre compagnie vivifiante. Le ciel guide chaque aile et chaque jambe. Bonne nuit les amis trois, bonne nuit.

**MT. CLARK HAUT DE S. DOME MT. STARR
KING ABIES MAGNIFIQUE**

22 juillet. Un beau spécimen de cerf à queue noire est passé devant le camp ce matin. Un chevreuil aux bois largement étalés, faisant preuve d'une vigueur et d'une grâce admirables. Merveilleux la beauté, la force et les mouvements gracieux des animaux dans les déserts, entretenus par la nature seule, alors que notre expérience avec les animaux domestiques nous ferait craindre que toutes les bêtes sauvages dites négligées ne dégénèrent. Pourtant, le résultat des méthodes naturelles d'élevage et d'enseignement semble conduire à l'excellence sous toutes ses formes. Les cerfs, comme tous les animaux sauvages, sont aussi propres que les plantes. La beauté de leurs gestes et de leurs attitudes, alertes ou au repos, surprend encore plus que leur force exubérante et bondissante. Chaque mouvement et chaque posture est gracieux, la poésie même des manières et du mouvement. On parle trop souvent de Mère Nature comme étant en réalité une mère qui n'est pas du tout une mère. Pourtant, avec quelle sagesse, sévérité et tendresse elle aime et prend soin de ses enfants dans toutes sortes de conditions météorologiques et dans toutes sortes de déserts. Plus je vois des cerfs, plus je les admire en tant qu'alpinistes. Ils se frayent un chemin au cœur des solitudes les plus rudes avec une douce réserve de force, à travers des ceintures denses de broussailles et de forêts encombrées d'arbres tombés et d'amas de rochers, à travers des canyons, des ruisseaux rugissants et des champs de neige, faisant toujours preuve de beauté et de courage. Sur presque tout le continent, les cerfs trouvent leur habitat. Dans les savanes et les buttes de Floride, dans les forêts du Canada, dans l'extrême nord, parcourant les toundras moussues, nageant lacs, rivières et bras de mer d'île en île baignés par les vagues, ou escaladant les montagnes rocheuses, partout sain et capable, ajoutant beauté de chaque paysage, créature vraiment admirable et grand honneur à la nature.

J'ai dessiné un sapin argenté qui se dresse sur une crête de granit à quelques centaines de mètres à l'est du camp – un bel arbre avec une histoire particulière de tempête de neige à raconter. Il mesure environ cent pieds de haut, pousse sur un rocher nu, enfonce ses racines dans un joint altéré de moins d'un pouce de large et se renfle pour former une base pour supporter son poids. La tempête est venue du nord alors qu'il était jeune et l'a brisé presque jusqu'au sol, comme le montre la vieille cime morte et battue par les intempéries, penchée sur le tronc vivant construit à partir d'une nouvelle pousse au-dessous de la cassure. Les anneaux annuels du tronc qui ont envahi le jeune arbre mort indiquent l'année de la tempête. Merveilleux qu'une branche latérale formant une partie d'un des colliers plats qui entourent le tronc de cette espèce (*Abies magnifica*) se courbe vers le haut, se dresse et prenne la place de l'axe perdu pour former un nouvel arbre.

De nombreux autres pins et sapins témoignent de la gravité écrasante de cette tempête particulière. Des arbres, certains mesurant entre cinquante et soixante-quinze pieds de haut, étaient courbés jusqu'au sol et enterrés comme de l'herbe, des bosquets entiers disparaissant comme si la forêt avait été rasée, ne laissant aucune branche ni aiguille visible jusqu'au dégel printanier. Puis les jeunes arbres les plus élastiques et intacts se relevèrent à nouveau, aidés par le vent, certains atteignant une attitude presque dressée, d'autres restant plus ou moins courbés, tandis que ceux dont le dos était cassé s'efforçaient de spécialiser une branche latérale au-dessous de la cassure et d'en faire un chef pour former un nouvel axe de développement. C'est comme si un homme dont le dos était cassé ou presque et qui était obligé de se pencher, trouvait une branche qui jaillissait directement du dessous de la fracture et développait progressivement de nouveaux bras, de nouvelles épaules et une nouvelle tête, tandis que l'ancienne partie endommagée de son corps est mort.

De grandes montagnes de nuages blancs et des dômes créés vers midi comme d'habitude, des crêtes et des chaînes d'une variété infinie, comme si la nature aimait profondément ce genre de travail, le faisant encore et encore presque chaque jour avec une industrie infinie et produisant une beauté qui ne se fane jamais. Quelques zigzags d'éclairs, cinq minutes d'averse, puis un flétrissement et un éclaircissement progressifs.

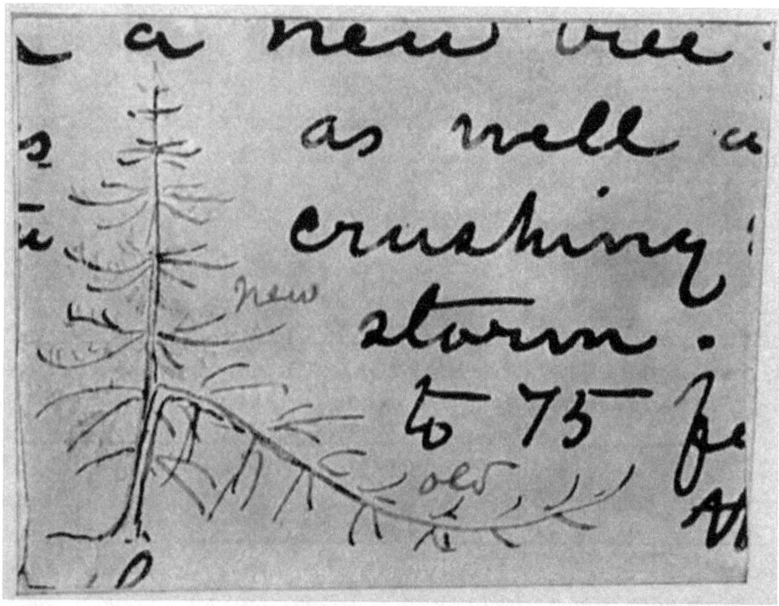

ILLUSTRANT LA CROISSANCE D'UN NOUVEAU PIN À PARTIR D'UNE BRANCHE SOUS LA RUPTURE DE L'AXE DE L'ARBRE CONCASSÉ PAR LA NEIGE

23 juillet. Un autre pays nuageux à midi, affichant une puissance et une beauté qu'on ne se lasse jamais de contempler, mais désespérément inesquissables et indicibles. Que peuvent dire les pauvres mortels des nuages ? Alors qu'on tente de décrire leurs immenses dômes et crêtes luisants, leurs golfes et canons ombragés et leurs ravins bordés de plumes, ils disparaissent, ne laissant aucune ruine visible. Néanmoins, ces montagnes célestes éphémères sont aussi importantes et significatives que les bouleversements plus durables du granit qui se trouvent sous elles. Tous deux se construisent et meurent, et dans le calendrier de Dieu, la différence de durée n'est rien. Nous ne pouvons en rêver qu'en nous émerveillant, en vénérant l'admiration, plus heureux que nous n'osons le dire même à des amis qui voient le plus loin en sympathie, heureux de savoir qu'aucun cristal ou particule de vapeur d'eux, dur ou mou, n'est perdu ; qu'ils coulent et disparaissent pour ensuite remonter encore et encore dans une beauté de plus en plus élevée. Quant à notre propre travail, notre devoir, notre influence, etc., au sujet desquels on fait tant de bruit, ils ne manqueront pas de produire l'effet qui leur est dû, même si, comme un lichen sur une pierre, nous gardons le silence.

24 juillet. À midi, les nuages occupant environ la moitié du ciel ont donné une demi-heure de fortes pluies pour laver l'un des paysages les plus propres du monde. Comme c'est bien lavé ! La mer n'est guère moins poussiéreuse que les trottoirs et les crêtes polis par la glace, les dômes et les canons, et les sommets éclaboussés de neige comme des vagues d'écume. Comme les bois sont frais et calmes après que les dernières pellicules de nuages aient été effacées du ciel ! Il y a quelques minutes, tous les arbres étaient excités, s'inclinant devant la tempête rugissante, s'agitant, tourbillonnant, jetant leurs branches dans un enthousiasme glorieux comme une adoration. Mais même si, à l'oreille externe, ces arbres sont désormais silencieux, leurs chants ne cessent jamais. Chaque cellule cachée palpite de musique et de vie, chaque fibre vibre comme les cordes d'une harpe, tandis que l'encens coule sans cesse des cloches et des feuilles du baume. Il n'est pas étonnant que les collines et les bosquets aient été les premiers temples de Dieu, et plus ils sont abattus et taillés en cathédrales et en églises, plus le Seigneur lui-même semble lointain et sombre. On peut en dire autant des temples de pierre. Là-bas, à l'est de notre campement, se dresse l'une des cathédrales de la nature, taillée dans la roche vivante, de forme presque conventionnelle, haute d'environ deux mille pieds, noblement ornée de flèches et de pinacles, frémissant sous les flots de soleil comme si elle était vivante comme un temple-bosquet et bien nommé « Cathedral Peak ». Même le berger Billy se tourne parfois vers ce magnifique édifice de montagne, bien qu'apparemment sourd à tous les sermons de pierre. La neige qui refusait de fondre dans le feu ne serait guère plus merveilleuse que l'ennui immuable sous les rayons de la beauté de Dieu. J'ai essayé de le faire marcher jusqu'au bord de Yosemite pour avoir une vue, en lui proposant d'observer les moutons pendant une journée, pendant qu'il devrait profiter de ce que les touristes viennent du monde entier pour voir. Mais bien qu'il se trouve à moins d'un kilomètre de la célèbre vallée, il ne s'y rendra pas, même par simple curiosité. « Qu'est-ce que Yosemite, dit-il, c'est autre chose qu'un canon — beaucoup de rochers — un trou dans le sol — un endroit dans lequel il est dangereux de tomber... et... un bon endroit dont il faut se tenir à l'écart. « Mais pense aux cascades, Billy – pense simplement à ce grand ruisseau que nous avons traversé l'autre jour, tombant à 800 mètres dans les airs – pense à cela et au bruit qu'il fait. Vous pouvez l'entendre maintenant comme le rugissement de la mer. » J'ai donc insisté sur Yosemite comme un missionnaire lui offrant l'Évangile, mais il n'en voulait pas. « Je devrais avoir peur de regarder par-dessus un mur aussi haut », a-t-il déclaré. « Cela me ferait tourner la tête. Il n'y a rien à voir nulle part, seulement des rochers, et j'en vois beaucoup ici. Les touristes qui dépensent leur argent pour voir des rochers et des chutes sont des imbéciles, c'est tout. Vous ne pouvez pas me humilier. Je suis dans ce pays depuis trop longtemps pour ça. De telles âmes, je suppose, sont endormies, ou étouffées et embrumées sous de mesquins plaisirs et soucis.

25 juillet. Un autre pays nuageux. Certains nuages ont un aspect décomposé trop mûr, aqueux et débraillés et entraînés en lambeaux et en plaques déchirés par le vent, donnant au ciel une apparence jonchée ; ce n'est pas le cas de ces nuages de midi d'été dans la Sierra. Tous sont magnifiques avec des contours et des courbes lisses et définis comme ceux des dômes polis par les glaciers. Ils commencent à pousser vers onze heures, et semblent si merveilleusement proches et si clairs de ce camp élevé qu'on est tenté d'essayer de les escalader et de suivre les ruisseaux qui jaillissent comme des cataractes de leurs fontaines obscures. La pluie à laquelle ils donnent naissance est souvent très forte, une sorte de cascade aussi imposante que si elle tombait des montagnes rocheuses. Jamais au cours de mes voyages je n'ai trouvé quelque chose de plus véritablement nouveau et intéressant que ces montagnes du ciel de midi, leurs fines tonalités de couleur, leur majestueuse croissance visible, et leurs paysages et effets généraux toujours changeants, bien que pour la plupart aussi bien et encore moins dans la mesure où la description va. Je pense souvent au poème sur les nuages de Shelley : « Je tamise la neige sur les montagnes en contrebas. »

CHAPITRE VI

MONT HOFFMAN ET LAC TENAYA

26 juillet. Randonnée jusqu'au sommet du mont Hoffman, haut de onze mille pieds, le point culminant du voyage de la vie que mes pieds aient encore touché. Et quels paysages glorieux autour de moi, de nouvelles plantes, de nouveaux animaux, de nouveaux cristaux et une multitude de nouvelles montagnes bien plus hautes que Hoffman, s'élevant dans un ensemble glorieux le long de l'axe de la chaîne, sereins, majestueux, chargés de neige, baignés de soleil, de vastes dômes et des crêtes qui brillent en dessous d'eux, des forêts, des lacs et des prairies dans les creux, le ciel bleu pur de campanules les couvant tous, - un jour glorieux d'admission dans un nouveau royaume de merveilles comme si la nature avait murmuré d'un air courtois : « Venez plus haut." Quelles questions j'ai posées, et à quel point je connais peu de choses sur tout ce vaste spectacle, et avec quel espoir ardent et tremblant d'en savoir un jour plus, d'apprendre la signification de ces symboles divins entassés sur cette page merveilleuse.

Le mont Hoffman est la partie la plus élevée d'une crête ou d'un éperon à environ quatorze milles de l'axe de la chaîne principale, peut-être un vestige mis en relief et isolé par une dénudation inégale. Les versants sud versent leurs eaux dans la vallée de Yosemite par les ruisseaux Tenaya et Dome, le versant nord en partie dans la rivière Tuolumne, mais principalement dans la Merced par le ruisseau Yosemite. La roche est principalement constituée de granite, avec quelques petits tas et crêtes s'élevant ici et là dans des restes pittoresques à piliers et à créneaux d'ardoises métamorphiques rouges. Le granit et les ardoises sont divisés par des joints, ce qui les rend séparables en blocs comme les pierres de maçonnerie artificielle, suggérant l'Écriture « Il a bâti les montagnes ». De grands bancs de neige et de glace sont empilés dans des creux du côté nord frais et escarpé, formant les sources pérennes les plus élevées du ruisseau Yosemite. Les versants sud sont beaucoup plus progressifs et accessibles. D'étroites gorges en forme de fentes s'étendent à travers le sommet à angle droit, qui ressemblent à des couloirs, formés évidemment par l'érosion de lits moins résistants. On les appelle généralement « toboggans du diable », bien qu'ils se situent bien au-dessus de la région habituellement hantée par le diable ; car bien que nous lisions qu'il a gravi une fois une très haute montagne, il ne peut pas être un grand montagnard, car ses traces sont rarement visibles au-dessus de la limite des bois.

APPROCHE DE DOME CREEK À YOSEMITE

Le large sommet gris est aride et désolé d'après les vues générales, dévasté par des siècles de tempêtes dévorantes ; mais en regardant la surface en détail, on la trouve couverte de milliers et de millions de plantes charmantes, aux feuilles et aux fleurs si petites qu'elles ne forment aucune masse colorée visible à quelques centaines de mètres de distance. Des parterres de marguerites azurées sourient avec confiance dans les creux humides et le long des rives de petits ruisseaux, avec plusieurs espèces d'eriogonum, d'ivesia à feuilles soyeuses, de pentstemon, d'orthocarpus et des parcelles de *Primula suffruticosa* , une belle espèce arbustive. Ici aussi, j'ai trouvé du Bryanthus, une charmante bruyère couverte de fleurs violettes et de feuillage vert foncé comme la bruyère, et trois arbres nouveaux pour moi : une pruche et deux pins. La pruche (*Tsuga Mertensiana*) est le plus beau conifère que j'ai jamais vu ; les branches ainsi que l'axe principal s'affaissent d'une manière singulièrement gracieuse, et le feuillage dense recouvre les rameaux délicats, sensibles et ondulants tout autour. Il est maintenant en pleine floraison et les fleurs, ainsi que les milliers de cônes de la saison dernière encore accrochés aux gerbes tombantes, affichent une merveilleuse richesse de couleurs, marron, violet et bleu. Avec plaisir, j'ai grimpé sur le premier arbre que j'ai trouvé pour m'en délecter. Comme le contact des fleurs fait frémir la chair ! Les pistillés sont d'un violet foncé, riche et presque translucide, le bleu staminé, un ton de bleu vif et pur comme le ciel de la montagne, la plus inhabituellement belle de toutes les fleurs d'arbres de la Sierra que j'ai vues. Comme c'est merveilleux que, avec toute sa grâce féminine délicate et la beauté de ses formes, de ses vêtements et de son comportement, ce bel arbre là-haut, exposé aux explosions les plus sauvages, ait déjà enduré les tempêtes de siècles d'hivers !

Les deux pins sont également des arbres courageux qui résistent aux tempêtes, le pin de montagne (*Pinus monticola*) et le pin nain (*Pinus albicaulis*). Le pin de montagne est étroitement apparenté au pin à sucre, bien que les cônes ne mesurent que quatre à six pouces de long. Les plus grands arbres mesurent de cinq à six pieds de diamètre à quatre pieds au-dessus du sol et leur écorce est d'un brun riche. Seuls quelques aventuriers battus par la tempête s'approchent du sommet de la montagne. Le pin nain ou à écorce blanche est l'espèce qui forme la limite du bois, où il est si complètement nain qu'on peut marcher sur le dessus de son lit comme sur un chaparral pressé par la neige.

Comme la journée semble sans limites alors que nous nous délectons de ces jardins célestes battus par les tempêtes, au milieu d'une si vaste congrégation de montagnes panoramiques ! Il est étrange et admirable que plus les montagnes sont sauvages, froides et irritées par les tempêtes, plus l'éclat de leurs visages est fin et plus les plantes qu'elles portent sont belles. Les myriades de fleurs qui colorent le sommet de la montagne ne semblent pas avoir poussé à partir du gravier sec et rugueux de la désintégration, mais elles apparaissent plutôt comme des visiteurs, un nuage de témoins de l'amour de la Nature dans ce que nous, dans notre timide ignorance et notre incrédulité, appelons des hurlements. désert. La surface du sol, si terne et sinistre à première vue, en plus d'être riche en plantes, brille et scintille de cristaux : mica, hornblende, feldspath, quartz, tourmaline ... L'éclat en certains endroits est si grand qu'il est assez éblouissant, des rayons vifs de toutes les couleurs clignotent, scintillant en abondance glorieuse, joignant les plantes dans leur beauté fine et courageuse - chaque cristal, chaque fleur est une fenêtre ouverte sur le ciel, un miroir reflétant le Créateur.

De jardin en jardin, de crête en crête, je dérivais enchanté, tantôt à genoux face à une marguerite, tantôt grimpant encore et encore parmi les fleurs pourpres et azur des pruches, tantôt descendant dans les trésors de la neige, ou regardant au loin les dômes et les sommets, les lacs et les bois, ainsi que les champs glaciaires ondulés de la partie supérieure de Tuolumne, et essayant de les dessiner. Au milieu d'une telle beauté, transpercé de ses rayons, le corps n'est qu'un palais qui frémit. Qui ne serait pas alpiniste ! Ici, tous les prix du monde ne semblent rien.

Le plus grand des nombreux lacs glaciaires en vue, et celui qui offre le plus beau paysage côtier, est Tenaya, long d'environ un mile, avec une imposante montagne qui y plonge ses pieds du côté sud, Cathedral Peak à quelques miles au-dessus de sa tête, au nord, de nombreuses vagues rocheuses et dômes lisses et gonflés, et au loin, vers le sud, une multitude de sommets enneigés, sources de rivières. Le lac Hoffman scintille sous mes pieds, des pins de montagne tout autour de son bord brillant. Au nord, le bassin pittoresque du ruisseau Yosemite scintille de lacs et de bassins ; mais l'œil est bientôt détourné de ces puits de miroir lumineux, aussi attrayants soient-ils, pour se délecter de la glorieuse congrégation des sommets sur l'axe de la chaîne dans leurs robes de neige et de lumière.

Pic de la Cathédrale

Carlo a attrapé une malheureuse marmotte alors qu'elle courait d'un endroit herbeux vers sa maison rocheuse, l'un des animaux de montagne les plus robustes. J'ai essayé de le sauver, mais en vain. Après avoir dit à Carlo qu'il devait faire attention à ne rien tuer, j'ai aperçu pour la première fois le curieux pika, ou petit lièvre en chef, qui coupe de grandes quantités de lupins et d'autres plantes et les fait sécher au soleil. pour le foin, qu'il stocke dans des granges souterraines pour résister au long hiver enneigé. Tomber sur ces plantes fraîchement coupées et posées par poignées ici et là sur les rochers a un effet surprenant de vie trépidante au sommet d'une montagne solitaire. Ces petits faucheurs, dotés d'un cerveau quelque chose comme le nôtre, Dieu ici-haut qui veille sur eux, quelles leçons ils enseignent, comme ils élargissent notre sympathie !

Un aigle planant au-dessus d'une falaise abrupte, là où se trouve, je suppose, son nid, offre un autre spectacle saisissant de vie et contribue à rappeler les autres peuples de la soi-disant solitude : des cerfs dans la forêt s'occupant de leurs petits ; les ours forts, bien vêtus et bien nourris ; la foule animée des écureuils ; les oiseaux bénis, grands et petits, remuant et adoucissant les bosquets ; et les nuages d'insectes heureux remplissant le ciel d'un bourdonnement joyeux faisant partie intégrante du soleil tombant. Tout cela me vient à l'esprit, ainsi que les gens des plantes et les joyeux ruisseaux chantant vers la mer. Mais le plus impressionnant de tous est le vaste visage lumineux de la nature sauvage dans un repos terrible et infini.

Vers le coucher du soleil, nous avons profité d'une belle course jusqu'au camp, en descendant les longues pentes sud, à travers les crêtes et les ravins, les jardins et les trouées d'avalanches, à travers les sapins et le chaparral, en profitant d'une excitation sauvage et d'un excès de force, et ainsi se termine une journée qui ne finira jamais.

27 juillet. En route vers le lac Tenaya, un autre grand jour, suffisant pour toute une vie. Les rochers, l'air, tout parlant d'une voix audible ou silencieuse ; joyeux, merveilleux, enchanteur, bannissant la lassitude et la notion du temps. Nous n'aspirons à rien maintenant ni au-delà alors que nous rentrons chez nous au cœur de la montagne. Les rayons du soleil touchent les cimes des sapins, chaque feuille brillant de rosée. Je tiens une route vers l'est, le canon profond du ruisseau Tenaya à droite, le mont Hoffman à gauche et le lac tout droit à environ dix milles de distance, le sommet du mont Hoffman à environ trois mille pieds au-dessus de moi, le ruisseau Tenaya à quatre mille pieds. en contrebas et séparé de la vallée peu profonde et irrégulière, le long de laquelle se trouve la majeure partie du chemin, par des dômes lisses et des crêtes de vagues. De nombreuses tourbières moussues d'émeraude, des prairies et des jardins dans des creux rocheux dans lesquels patauger et flâner - et quelles belles plantes ils me donnent, quels joyeux ruisseaux je dois traverser, et combien de vues s'offrent sur la maçonnerie d'Hoffman et de Cathedral Peak, et quoi. une merveilleuse étendue de pavé de granit brillant à parcourir pour la première fois sur les rives du lac ! J'ai déambulé dans une liberté totale; corps sans poids pour autant que je sache; tantôt pataugeant dans les tourbières étoilées de parnassia, tantôt dans les jardins jusqu'aux épaules remplis de pieds d'alouette et de lys, d'herbes et de joncs, secouant les averses de rosée ; traverser des tas de rochers morainiques cristallins, des trottoirs de miroirs brillants et des ruisseaux frais et joyeux se dirigeant vers Yosemite ; traverser des tapis de bryanthus et des sentiers érodés d'avalanches, et des bosquets de céanothes pressés par la neige ; puis descendez un large et majestueux escalier menant au bassin du lac sculpté dans la glace.

La neige des hautes montagnes fond rapidement et les ruisseaux chantent à plein régime, se balançant doucement à travers les prairies et les tourbières plates, frémissant de paillettes de soleil, tourbillonnant dans les nids-de-poule, se reposant dans les mares profondes, sautant, criant dans la nature. , exultant d'énergie sur des barrages rocheux bruts, joyeux, beaux sous toutes leurs formes. Aucun paysage de la Sierra que j'ai vu ne contient quoi que ce soit de vraiment mort ou ennuyeux, ni aucune trace de ce que, dans les usines, on appelle des déchets ou des déchets ; tout est parfaitement propre et pur et plein de leçons divines. Cet intérêt rapide et inévitable qui s'attache à tout semble merveilleux jusqu'à ce que la main de Dieu devienne visible ; alors il semble raisonnable que ce qui l'intéresse puisse bien nous intéresser. Lorsque nous essayons de distinguer quelque chose par lui-même, nous trouvons qu'il est lié à tout le reste de l'univers. On imagine qu'un cœur comme le nôtre doit battre dans chaque cristal et dans chaque cellule, et nous avons envie de nous arrêter pour parler aux plantes et aux animaux en sympathiques compagnons montagnards. La nature en tant que poète, ouvrier enthousiaste, devient de plus en plus visible à mesure que l'on s'élève ; car les montagnes sont des fontaines – des points de départ, même s'ils sont liés à des sources hors de portée des mortels.

J'ai trouvé trois sortes de prairies : (1) Celles contenues dans des bassins pas encore assez remplis de terre pour former une surface sèche. Ils sont plantés de plusieurs espèces de carex, et ont leurs marges diversifiées de plantes à fleurs robustes, telles que le veratrum, le pied d'alouette, le lupin, etc. (2) Ceux contenus dans la même sorte de bassins, autrefois lacs comme les premiers, mais ainsi situés dans rapport aux ruisseaux qui les traversent et aux lits de sable transportable, de gravier, etc., qu'ils sont maintenant hauts, secs et bien drainés. Cette condition sèche et la différence correspondante dans leur végétation peuvent être causées par aucune supériorité de position ou par la puissance de transport des matériaux de remplissage dans les ruisseaux qui leur appartiennent, mais simplement par le fait que le bassin est peu profond et donc plus tôt rempli. Ils sont plantés de graminées pour la plupart fines, soyeuses et à feuilles plutôt courtes, *Calamagrostis* et *Agrostis* étant les principaux genres. Ils forment des gazons délicieusement lisses et plats dans lesquels on trouve deux ou trois espèces de gentiane et autant d'orthocarpus pourpres et jaunes, de violettes, de vaccinium, de kalmia, de bryanthus et de lonicera. (3) Les prairies accrochées aux crêtes et aux pentes des montagnes, non pas du tout en bassins, mais constituées et maintenues en place par des masses de rochers et d'arbres tombés, qui, formant des barrages les uns sur les autres en succession rapprochée sur de petits ruisseaux étendus et sans canal, ont il en résulte suffisamment de terre collectée pour la croissance des graminées, des carices et de nombreuses plantes à fleurs, et étant bien arrosée, sans être soumise à des courants suffisamment forts pour les emporter, il en résulte une prairie suspendue ou en pente. Leurs surfaces sont rarement aussi lisses que les autres, étant plus ou moins rugueuses par les sommets saillants des roches ou des rondins du barrage ; mais à une petite distance, cette aspérité n'est pas remarquée, et l'effet est très frappant : des rubans fleuris vert vif, fluides, descendant vers le bas, sur des pentes grises. Les larges ruisseaux peu profonds auxquels appartiennent ces prairies proviennent pour la plupart de bancs de neige et parce que le sol est bien drainé à certains endroits, tandis qu'à d'autres, les rochers du barrage sont serrés et calfeutrés avec des morceaux de bois et de feuilles, créant des zones marécageuses ; la végétation, bien entendu, est variée en conséquence. J'ai vu des parcelles de saules, de bryanthus et une belle exposition de lys sur certains d'entre eux, ne formant pas de marge, mais dispersés parmi les carex et l'herbe. La plupart de ces prairies sont aujourd'hui dans la fleur de l'âge. Comme la nature des feuilles élastiques des graminées et des carex doit être merveilleuse pour rendre les courbes si parfaites et si fines. Trempés un peu plus fort, ils se dresseraient debout, raides et hérissés, comme des bandes de métal ; un peu plus doux, et chaque feuille resterait à plat. Et quelle belle peinture et teinte il y a sur les glumes et les pâles, les étamines et les pistils plumeux. Des papillons colorés comme les fleurs ondulent au-dessus d'eux dans une profusion merveilleuse, et beaucoup d'autres belles personnes ailées, comptées, connues et aimées uniquement par le Seigneur, valsent ensemble au-dessus de leur tête, apparemment dans un pur jeu et une jouissance hilarante de leurs petites étincelles de vie. Comme ils sont merveilleux ! Comment gagnent-ils leur vie et supportent-ils les intempéries ? Comment leurs petits corps, avec leurs muscles, leurs nerfs, leurs organes, sont-ils maintenus au chaud et joyeux dans une santé si admirable et exubérante ? Considérées uniquement comme des inventions mécaniques, comme elles sont merveilleuses ! Comparées à celles-ci, les plus grandes machines de l'homme divin ne sont rien.

La plupart des jardins sablonneux situés sur les moraines sont d'une grande beauté, tout comme les prairies, bien que certains sur les flancs nord des rochers et sous les bosquets de jeunes pins n'aient pas encore fleuri. Sur des feuilles ensoleillées de sol cristallin le long des pentes des monts Hoffman, j'ai vu de vastes parcelles d'ivesia et de gilia pourpres avec à peine une feuille verte, formant de fins nuages de couleur. Les buissons de Ribes, de vaccinium et de kalmia, maintenant en fleurs, forment de magnifiques tapis et bordures le long des berges des ruisseaux. Les massifs hirsutes de chênes nains (*Quercus chrysolepis* , var. *vaccinifolia*) sur lesquels on peut marcher sont communs sur les moraines rocheuses, mais il s'agit pourtant de la même espèce que le grand chêne vivant observé près de Brown's Flat. Le plus beau des arbustes est le bryanthus à fleurs pourpres, qui forme ici de magnifiques tapis à une altitude de neuf mille pieds.

L'arbre principal pour les premiers milles ou deux du camp est le magnifique sapin argenté, qui atteint ici la perfection à la fois par la taille et la forme des arbres individuels, et par le mode de groupement en bosquets avec des espaces ouverts entre eux. Ces bosquets argentés et spirés sont si soignés et de bon goût qu'on pourrait croire qu'ils ont dû être mis en place par un maître paysagiste, leur régularité semblant presque conventionnelle. Mais la nature est le seul jardinier capable de faire un aussi bon travail. Quelques spécimens nobles de deux cents pieds de haut occupent des positions centrales dans les groupes entourés d'arbres plus jeunes ; et à l'extérieur de ceux-ci un autre cercle d'arbres encore plus petits, le tout disposé comme des bouquets symétriques avec goût, chaque arbre s'adaptant bien à la place qui lui est assignée comme s'il avait été fait spécialement pour lui ; de petites roses et des ériogones fleurissent généralement sur les espaces ouverts autour des bosquets, formant de charmants terrains de plaisir. Plus haut, les sapins deviennent progressivement plus petits et moins parfaits, beaucoup présentant des sommets doubles, indiquant le stress des tempêtes. Cependant, là où l'on trouve de bons sols morainiques, même sur le bord du bassin du lac, des spécimens de cent cinquante pieds de hauteur et cinq pieds de diamètre se trouvent à près de neuf mille pieds au-dessus de la mer. Les jeunes arbres, je trouve, sont pour la plupart pliés sous le poids écrasant de la neige hivernale, qui, à cette altitude, doit avoir au moins huit ou dix pieds de profondeur, à en juger par les marques sur les arbres ; et cette épaisseur de neige compactée est assez lourde pour plier et enterrer de jeunes arbres de vingt ou trente pieds de hauteur et les retenir pendant quatre ou cinq mois. Certains sont cassés ; les autres surgissent à la fonte des neiges et atteignent enfin une taille qui leur permet de résister à la pression de la neige. Pourtant, même dans les arbres de cinq pieds d'épaisseur, les traces de cette première discipline sont encore clairement visibles dans leurs cou-de-pied courbés, et fréquemment dans de vieux jeunes arbres séchés dépassant du tronc, partiellement envahis par le nouvel axe développé à partir d'une branche au-dessous de la cassure. Pourtant, malgré tout ce stress, la forêt reste d'une merveilleuse beauté.

Au-delà des sapins argentés, je trouve que le pin à deux feuilles (*Pinus contorta* , var. *Murrayana*) forme la majeure partie de la forêt jusqu'à une altitude de dix mille pieds ou plus, la plus haute ceinture forestière de la Sierra. J'ai vu un spécimen de près de cinq pieds de diamètre poussant sur un sol profond et bien arrosé à une altitude d'environ neuf mille pieds. La forme de cette espèce varie beaucoup selon la position, l'exposition, le sol, etc. Sur les berges des cours d'eau, où elle est plantée étroitement, elle est très élancée ; certains spécimens mesurant soixante-quinze pieds de haut ne dépassent pas cinq pouces de diamètre au sol, mais la forme ordinaire, autant que je l'ai vu, est bien proportionnée. Le diamètre moyen à maturité à cette altitude est d'environ douze ou quatorze pouces, la hauteur de quarante ou cinquante pieds, les branches éparses courbées à l'extrémité, l'écorce mince et débraillée de résine de couleur ambre. Les fleurs pistillées forment de petites rosettes pourpres d'un quart de pouce de diamètre aux extrémités des rameaux, principalement cachées dans les glands des feuilles ; les staminés mesurent environ trois huitièmes de pouce de diamètre, jaune soufre, en grappes voyantes, donnant un effet remarquablement riche : un pin alpin courageux et robuste, poussant joyeusement sur des lits rugueux de rochers d'avalanche et des joints de trottoirs rocheux, ainsi que dans des creux fertiles, debout dans la neige jusqu'à la taille chaque hiver pendant des siècles, affrontant mille tempêtes et fleurissant chaque année dans des couleurs aussi vives que celles portées par les arbres ensoleillés des tropiques.

Un alpiniste encore plus résistant est le genévrier de la Sierra (*Juniperus occidentalis*), qui pousse principalement sur les dômes, les crêtes et les trottoirs des glaciers. Un montagnard trapu, robuste et pittoresque, apparemment content de vivre plus d'une vingtaine de siècles de soleil et de neige ; un homme vraiment merveilleux, à l'endurance tenace exprimée dans chaque trait, qui dure à peu près aussi longtemps que le granit sur lequel il se tient. Certains sont presque aussi larges que élevés. J'en ai vu un sur la rive du lac de près de dix pieds de diamètre, et plusieurs de six à huit pieds. L'écorce, de couleur cannelle, s'écaille en longues bandes en forme de ruban à l'éclat satiné. Sûrement le plus endurant de tous les arboriculteurs, il ne semble jamais mourir de mort naturelle, ni même tomber après avoir été tué. S'il était protégé des accidents, il serait peut-être immortel. J'en ai vu certains qui avaient résisté à une avalanche du mont Hoffman enneigé, étendre joyeusement de nouvelles branches, comme s'ils répétaient, comme Grip, « Ne dites jamais mourir ». Certains se tenaient simplement sur le trottoir où aucune fissure de plus d'un demi-pouce de large n'offrait un support à ses racines. La hauteur commune de ces habitants des rochers est de dix à vingt pieds ; la plupart des anciennes ont des sommets brisés et ne sont que de simples souches, avec quelques branches touffues, formant de pittoresques piliers bruns sur des trottoirs nus, avec beaucoup d'espace pour les coudes et une vue dégagée dans toutes les directions. Sur un bon sol morainique, il atteint une hauteur de quarante à soixante pieds, avec un feuillage gris dense. Les anneaux du tronc sont très fins, allant de quatre-vingts à un pouce de diamètre chez certains spécimens que j'ai examinés. Ces dix pieds de diamètre doivent être très vieux : des milliers d'années. J'aimerais pouvoir vivre, comme ces genévriers, de soleil et de neige, et me tenir à leurs côtés sur les rives du lac Tenaya pendant mille ans. Combien je devrais voir, et comme ce serait délicieux ! Tout ce qui est dans les montagnes me trouverait et viendrait à moi, et tout ce qui viendrait du ciel serait comme une lumière.

GÉNÉVRIER À TENAYA CAÑON

Le lac doit son nom à l'un des chefs de la tribu Yosemite. On dit que le vieux Tenaya était un bon Indien pour sa tribu. Lorsqu'une compagnie de soldats suivit sa bande dans le Yosemite pour les punir de vol de bétail et d'autres crimes, ils s'enfuirent vers ce lac par un sentier qui sort de l'extrémité supérieure de la vallée, au début du printemps, alors que la neige était encore là. profond; mais poursuivis, ils perdirent courage et se rendirent. Un beau monument que le vieil homme a dans ce lac lumineux, et qui durera probablement longtemps, même si les lacs meurent aussi bien que les Indiens, étant progressivement remplis de détritus charriés par les ruisseaux qui s'alimentent, et dans une certaine mesure aussi par les avalanches de neige et la pluie. et le vent. Une partie considérable du bassin de Tenaya est déjà transformée en un plat boisé et une prairie à l'extrémité supérieure, là où le principal affluent entre depuis Cathedral Peak. Deux autres affluents proviennent de la chaîne Hoffman. L'exutoire coule vers l'ouest à travers Tenaya Cañon pour rejoindre la rivière Merced à Yosemite. On voit à peine une poignée de terre meuble sur la rive nord. Tout est nu et brillant de granit, ce qui suggère le nom indien du lac, Pywiack, qui signifie roche brillante. Le bassin semble avoir été lentement creusé par les anciens glaciers, un travail merveilleux qui a nécessité d'innombrables milliers d'années. Du côté sud, une montagne imposante s'élève du bord de l'eau à une hauteur de trois mille pieds ou plus, parsemée de pruches et de pins ; et d'immenses dômes brillants à l'est, sur les sommets desquels le glacier grinçant, dévastateur et modelant a dû balayer comme le vent le fait aujourd'hui.

28 juillet. Pas de montagnes de nuages, seulement des cirrus bouclés à peine perceptibles, et le fait que le tonnerre ne frappe pas l'heure de midi semble étrange, comme si l'horloge de la Sierra s'était arrêtée. J'ai étudié le sapin *magnifica* , mesurant près de deux cent quarante pieds de haut, le plus haut que j'aie jamais vu. Cette espèce est la plus symétrique de tous les conifères, mais, bien que de taille gigantesque, elle vit rarement plus de quatre ou cinq cents ans. La plupart des arbres meurent des attaques d'un champignon à l'âge de deux ou trois siècles. Ce champignon de la pourriture sèche pénètre peut-être dans le tronc par les moignons de membres cassés par la neige qui charge les larges branches palmées. Les spécimens les plus jeunes sont des merveilles de symétrie, droits et dressés comme un fil à plomb, leurs branches en verticilles de niveau régulier de cinq pour la plupart, chaque branche aussi exacte dans ses divisions qu'une fronde de fougère, et densément couvertes par les feuilles, formant une riche peluche. sur tout l'arbre, à l'exception seulement du tronc et d'une petite partie des branches principales. Les feuilles sont tournées vers le haut, surtout sur les rameaux, et sont raides et pointues, pointues sur toute la partie supérieure de l'arbre. Elles restent sur l'arbre environ huit ou dix ans, et comme la croissance est rapide il n'est pas rare de trouver les feuilles encore en place sur la partie supérieure de l'axe où il a trois à quatre pouces de diamètre, bien espacées bien entendu. et leur disposition en spirale magnifiquement affichée. Les cicatrices des feuilles sont visibles pendant vingt ans ou plus, mais il existe de nombreuses variations selon les arbres quant à l'épaisseur et à la netteté des feuilles.

Après l'excursion au Mont Hoffman, j'avais vu une coupe transversale complète de la forêt de la Sierra, et je trouve qu'Abies *magnifica* est l'arbre le plus symétrique de toute la noble compagnie de conifères. Les cônes sont de grandes affaires, superbes en forme, taille et couleur, cylindriques, dressés sur les branches supérieures comme des tonneaux, et mesurent de cinq à huit pouces de longueur sur trois ou quatre de diamètre, gris verdâtre et recouverts de duvet fin. qui ont un éclat argenté au soleil, et leur éclat est augmenté par des perles de baume transparent qui semblent avoir été versées sur chaque cône, rappelant les anciennes cérémonies d'onction d'huile. Si possible, l'intérieur du cône est plus beau que l'extérieur ; les écailles, les bractées et les ailes des graines sont teintées du plus beau violet rose avec une irisation brillante et brillante ; les graines, longues de trois quarts de pouce, sont brun foncé. Lorsque les cônes sont mûrs, les écailles et les bractées tombent, permettant aux graines de voler librement vers leurs endroits prédestinés, tandis que les haches mortes en forme de pointes sont laissées sur les branches pendant de nombreuses années pour marquer la position des cônes disparus, à l'exception de ceux coupés. éteint lorsqu'il est vert par l'écureuil Douglas. Comment il met ses dents sous les larges bases des cônes sessiles, je ne le sais pas. Grimper à ces arbres par une journée ensoleillée pour visiter les cônes en croissance et contempler les cimes de la forêt est l'un de mes plus grands plaisirs.

29 juillet. Lumineux, frais, exaltant. Nuages d'environ 0,05. Une autre journée glorieuse de randonnées, de croquis et de plaisir universel.

30 juillet. Nuages 0,20, mais l'averse habituelle ne nous est pas parvenue, bien que le tonnerre ait été entendu à quelques kilomètres de là, frappant l'heure de midi. Les fourmis, les mouches et les moustiques semblent profiter de ce beau climat. Quelques mouches domestiques ont découvert notre camp. Les moustiques de la Sierra sont courageux et de bonne taille, certains mesurant près d'un pouce du bout de la piqûre au bout des ailes repliées. Bien que moins abondants que dans la plupart des régions sauvages, ils émettent parfois un bourdonnement assez important et ne prêtent que peu d'attention au moment ou au lieu. Ils piquent n'importe où, à tout moment de la journée, partout où ils peuvent trouver quelque chose qui en vaut la peine, jusqu'à ce qu'ils soient eux-mêmes piqués par le gel. Les grandes fourmis noir de jais ne sont chatouilleuses et gênantes que lorsqu'on se couche sous les arbres. J'ai remarqué un foreur perçant un sapin argenté. Ovipositeur d'environ un pouce et demi de longueur, poli et droit comme une aiguille. Lorsqu'il n'est pas utilisé, il est replié dans une gaine qui s'étend droit derrière lui comme les pattes d'une grue en vol. Ce forage, je suppose, vise à économiser la construction du nid et les soins ultérieurs liés à l'alimentation des jeunes. Qui aurait pu deviner que dans le cerveau d'une mouche tant de connaissances pouvaient trouver refuge ? Comment savent-ils que leurs œufs éclosent dans de tels trous ou, après leur éclosion, que les larves molles et impuissantes trouveront la bonne nourriture dans la sève du sapin argenté ? Cet agencement domestique rappelle la curieuse famille des mouches à galles. Chaque espèce semble savoir quel type de plante répondra à l'irritation ou au stimulus de la piqûre qu'elle pratique et des œufs qu'elle pond, en formant une croissance qui non seulement répond à un nid et à un foyer, mais fournit également de la nourriture aux jeunes. Il est probable que ces gaillards commettent parfois des erreurs, comme tout le monde ; mais quand ils le font, il y a simplement un échec de cette couvée particulière, alors que suffisamment pour perpétuer l'espèce trouve les plantes et la nourriture appropriées. De nombreuses erreurs de ce genre pourraient être commises sans que nous nous en rendions compte. Un jour, deux troglodytes commettèrent l'erreur de construire un nid dans la manche d'un manteau d'ouvrier, ce qui était demandé au coucher du soleil, à la grande consternation et à la déconfiture des oiseaux. Il reste néanmoins merveilleux que l'un des enfants de personnes aussi petites que les moucherons et les moustiques puisse échapper à ses propres erreurs et à celles de ses parents, ainsi qu'aux vicissitudes du temps et aux hordes d'ennemis, et sortir en pleine vigueur et perfection pour profiter le monde ensoleillé. Lorsque nous pensons aux petites créatures visibles, nous sommes amenés à penser à beaucoup d'autres encore plus petites et qui nous entraînent encore et encore dans un mystère infini.

31 juillet. Encore un jour glorieux, l'air aussi délicieux aux poumons que le nectar à la langue ; en effet, le corps semble ne former qu'un seul palais et picote également partout. Nébulosité d'environ 0,05, mais notre averse ordinaire ne nous est pas encore parvenue, même si j'entends du tonnerre au loin.

Le joyeux petit tamia, si commun à Brown's Flat, est commun ici également, ainsi que peut-être dans d'autres espèces. Par leurs habitudes légères et aérées, ils rappellent les espèces familières des États de l'Est, que nous admirions dans les ouvertures de chênes du Wisconsin alors qu'elles rasaient les clôtures en zigzag. Ces tamias Sierra sont plus arboricoles et ressemblent à des écureuils. Je les ai d'abord remarqués à la limite inférieure de la ceinture de conifères, là où se rencontrent les pins sabins et les pins jaunes, petits gars extrêmement intéressants, pleins de manières bizarres et drôles, et sans être de vrais écureuils, ont la plupart de leurs exploits sans leur querelle agressive. Je ne me lasse jamais de les observer tandis qu'ils s'agitent dans les buissons pour récolter des graines et des baies, comme des moineaux chanteurs se tenant délicatement sur de fines brindilles et faisant encore moins de mouvements que la plupart des oiseaux de même taille. Peu d'animaux de la Sierra m'intéressent autant ; ils sont si capables, doux, confiants et beaux, qu'ils prennent le cœur et se font adopter comme chéris. Bien que pesant à peine plus que les mulots, ils sont des collecteurs laborieux de graines, de noix et de cônes, et sont donc bien nourris, mais jamais le moins du monde gonflés de graisse ou paresseusement rassasiés. Au contraire, leur vivacité fringante et celle des oiseaux n'a pas de fin. Ils ont une grande variété de notes correspondant à leurs mouvements, certaines douces et liquides, comme l'eau ruisselant de tintements dans des piscines. Ils semblent aimer beaucoup taquiner un chien, venant souvent presque à leur portée, puis s'enfuyant avec de vifs cris, comme des moineaux, battant la mesure de leur musique avec leur queue, qui à chaque coup décrit des demi-cercles d'un côté à l'autre. Même l'écureuil Douglas n'est pas plus sûr ni plus intrépide. Je les ai vus courir partout sur les précipices des murs de Yosemite, semblant se retenir avec aussi peu d'effort que des mouches et aussi inconscients du danger que, si le moindre glissement avait été commis, ils seraient tombés de deux ou trois mille pieds. Comme ce serait bien, nous, les alpinistes, de pouvoir escalader ces formidables falaises avec la même adhérence ! L'aventure que j'ai faite l'autre jour pour voir les chutes de Yosemite, et qui a si mis à rude épreuve mes nerfs, ce petit Tamias l'aurait fait pour un épi d'herbe.

La marmotte (*Arctomys monax*) des mornes sommets des montagnes est une espèce très différente d'alpiniste : le plus bovin des rongeurs, gros mangeur, gros, aldermanique en vrac et assez ballonné, dans ses hauts pâturages, comme une vache dans un trèfle. champ. Une marmotte pèserait plus lourd qu'une centaine de tamias, et pourtant ce n'est en aucun cas un animal ennuyeux. Au milieu de ce que nous considérons comme une désolation ravagée par la tempête, il joue et siffle joyeusement et profite d'une longue vie dans ses maisons du Skyland. Son terrier est creusé dans des roches désintégrées ou sous de gros rochers. Sortant de sa tanière par les froids matins de givre, il prend un bain de soleil sur son rocher au sommet plat préféré, puis va prendre son petit-déjeuner dans les creux du jardin, mange de l'herbe et des fleurs jusqu'à ce qu'elles soient confortablement enflées, puis part en visite pour se battre et jouer. . Je ne sais pas combien de temps une marmotte vit dans cet air vivifiant, mais certaines d'entre elles sont rouillées et grises comme des rochers couverts de lichen.

1er août. Un grand nuage et une averse de cinq minutes, rafraîchissant la nature sauvage bénie, déjà si parfumée et fraîche, imprégnant la moisissure noire des prés et les feuilles mortes comme du thé.

Le waycup, ou scintillement, si familier à tous les garçons des anciens États du Middle West, est l'un des pics les plus communs des environs et permet de se sentir chez soi. Je ne vois aucune différence de plumage ou d'habitudes par rapport aux espèces orientales, bien que le climat ici soit si différent, c'est un bel oiseau, courageux , confiant. Le merle aussi est là, avec toutes ses notes et ses gestes familiers, trébuchant délicatement dans les jardins ouverts et les hautes prairies. Dans toute l'Amérique, il semble être chez lui, se déplaçant des plaines aux montagnes et du nord au sud, d'avant en arrière, de haut en bas, au rythme des saisons et des approvisionnements alimentaires. Quelle constitution et quel caractère admirables de ce brave chanteur, gardant une santé joyeuse sur un spectre si vaste et si varié ! Souvent, alors que je me promène dans ces bois solennels, stupéfait et silencieux, j'entends la voix rassurante de ce compagnon vagabond qui résonne, douce et claire : « N'ayez pas peur ! n'ayez crainte !

La caille des montagnes (*Oreortyx ricta*) que je rencontre souvent au cours de mes promenades, une petite perdrix brune avec une crête ornementale très longue et élancée, portée avec désinvolture comme une plume dans un bonnet de garçon, lui donnant un aspect très marqué. Cette espèce est considérablement plus grande que la caille de vallée, si commune sur les contreforts chauds. Ils se posent rarement dans les arbres, mais aiment se promener en groupes de cinq ou six à vingt à travers les fourrés de ceanothus et de manzanita et sur les prairies ouvertes et sèches et les rochers des crêtes où la forêt est moins dense ou moins dense, poussant un faible gloussement. pour leur permettre de rester ensemble. Lorsqu'ils sont dérangés, ils s'élèvent avec un puissant battement d'ailes et se dispersent comme s'ils avaient explosé sur une distance d'environ un quart de mile. Une fois le danger passé, ils s'appellent ensemble avec une forte note sifflante : les magnifiques poulets des montagnes de la nature. Je n'ai pas encore trouvé leurs nids. Les petits de cette saison sont déjà éclos et partis – de nouvelles couvées de vagabonds heureux deux fois plus grandes que leurs parents. Je me demande comment ils vivent pendant les longs hivers, lorsque le sol est couvert de neige à dix pieds de profondeur. Ils doivent descendre vers la lisière inférieure de la forêt, comme les cerfs, bien que je n'en ai pas entendu parler là-bas.

Le tétras bleu, ou sombre, est également commun ici. Ils aiment les bois de sapins les plus profonds et les plus proches, et lorsqu'ils sont dérangés, ils jaillissent des branches des arbres avec un fort et bruyant vrombissement de battements d'ailes, et disparaissent dans un glissement vacillant et silencieux, sans bouger une plume - un bel et gros oiseau. de la taille du poulet des prairies du Far West, passant la plupart du temps dans les arbres, sauf pendant la saison de reproduction, où il reste au sol. Les jeunes sont désormais capables de voler. Lorsqu'ils sont dispersés par un homme ou un chien, ils restent immobiles jusqu'à ce que le danger soit supposé passé, puis la mère les rassemble. Les poussins peuvent entendre l'appel à plusieurs centaines de mètres, même s'il n'est pas fort. Si les petits sont incapables de voler, la mère feint une boiterie désespérée ou la mort pour en entraîner un, se jetant à ses pieds à moins de deux ou trois mètres, se retournant sur le dos, donnant des coups de pied et haletant, de manière à tromper l'homme ou la bête. On dit qu'ils restent toute l'année dans les bois des environs, s'abritant dans les branches touffues denses de sapins et de pins jaunes lors des tempêtes de neige, et se nourrissant des jeunes bourgeons de ces arbres. Leurs jambes sont couvertes de plumes jusqu'aux orteils et je n'ai jamais entendu parler de leurs souffrances, quelles que soient les conditions météorologiques. Capables de se nourrir de bourgeons de pins et de sapins, ils sont à jamais indépendants en matière alimentaire, ce qui gêne beaucoup d'entre nous et contrôle nos déplacements. Volontiers, si je le pouvais, je vivrais éternellement de bourgeons de pin, aussi chargés de térébenthine et de poix, pour le bien de cette grande indépendance. Rien que de penser à nos souffrances du mois dernier rien que pour la farine du moulin. L'homme semble avoir plus de difficulté à obtenir de la nourriture que n'importe quelle autre créature du Seigneur. Pour beaucoup de citadins, c'est une lutte dévorante qui dure toute la vie ; pour d'autres, le danger de tomber dans le besoin est si grand qu'il se forme l'habitude mortelle d'accumuler sans fin pour l'avenir, qui étouffe toute vie réelle et se perpétue longtemps après que tous les besoins raisonnables ont été sursatisfaits.

Sur le mont Hoffman, j'ai vu un curieux oiseau couleur tourterelle qui ressemblait à moitié à un pic, à moitié à une pie ou à un corbeau. Il crie un peu comme un corbeau, mais vole comme un pic et a un long bec droit avec lequel je l'ai vu ouvrir les cônes des montagnes et des pins à écorce blanche. Il semble rester dans les hauteurs, même s'il descend sans aucun doute pour s'abriter en hiver, voire pour se nourrir. En ce qui concerne la nourriture, ces oiseaux-montagnards, je suppose, peuvent glaner suffisamment de noix, même en hiver, sur les différentes espèces de conifères ; car il y en a toujours quelques-uns qui n'ont pas pu s'envoler des cônes et rester pour les glaneurs affamés de l'hiver.

CHAPITRE VII

UNE ÉTRANGE EXPÉRIENCE

2 août. Nuages et averses, à peu près comme hier. Dessinant toute la journée sur le North Dome jusqu'à quatre ou cinq heures de l'après-midi, alors que j'étais occupé à penser uniquement au glorieux paysage de Yosemite, essayant de dessiner chaque arbre et chaque ligne et caractéristique des rochers, j'ai été soudainement , et sans avertissement, possédé par l'idée que mon ami, le professeur JD Butler, de l'Université d'État du Wisconsin, se trouvait en dessous de moi dans la vallée, et j'ai bondi plein de l'idée de le rencontrer, avec presque autant d'excitation surprenante que s'il m'avait soudainement touché pour me faire lever les yeux. Laissant mon travail sans la moindre délibération, j'ai couru le long du versant ouest du Dôme et le long du bord de la paroi de la vallée, à la recherche d'un chemin vers le fond, jusqu'à ce que j'arrive à un canon latéral qui, à en juger par sa croissance apparemment continue d'arbres et de buissons, je pensais qu'ils pourraient offrir un accès pratique à la vallée, et j'ai immédiatement commencé à faire la descente, aussi tardive soit-elle, comme si elle était irrésistiblement attirée. Mais au bout d'un moment, le bon sens m'a arrêté et m'a expliqué qu'il ferait bien tard avant que je puisse atteindre l'hôtel, que les visiteurs dormiraient, que personne ne me connaîtrait, que je n'avais pas d'argent dans mes poches, et en plus était sans manteau. Je me suis donc obligé de m'arrêter, et j'ai finalement réussi à me débarrasser de l'idée de chercher mon ami dans le noir, dont je ne ressentais la présence que d'une manière étrange et télépathique. Je réussis à me traîner à travers les bois jusqu'au camp, sans jamais faiblir un seul instant dans ma détermination à descendre vers lui le lendemain matin. C'est, je pense, la notion la plus inexplicable qui m'ait jamais frappé. Si quelqu'un m'avait murmuré à l'oreille, alors que j'étais assis sur le Dôme, où j'avais passé tant de jours, que le professeur Butler était dans la vallée, je n'aurais pas pu être plus surpris et effrayé. Quand je quittais l'université, il m'a dit : « Maintenant, John, je veux te garder en vue et surveiller ta carrière. Promets-moi de m'écrire au moins une fois par an. J'ai reçu une lettre de lui en juillet, lors de notre premier camp à Hollow, écrite en mai, dans laquelle il disait qu'il pourrait éventuellement se rendre en Californie cet été et qu'il espérait donc me rencontrer. Mais comme il n'a indiqué aucun lieu de rendez-vous et n'a donné aucune indication sur la route qu'il suivrait probablement, et comme je serais dans le désert tout l'été, je n'avais pas le moindre espoir de le voir, et tous y pensèrent. avait disparu de mon esprit jusqu'à cet après-midi, où il semblait flotter corporellement presque contre mon visage. Eh bien, demain, je verrai ; car, raisonnable ou déraisonnable, je sens que je dois partir.

3 août. J'ai passé une merveilleuse journée. J'ai trouvé le professeur Butler tandis que l'aiguille de la boussole trouve le pôle. Ainsi, la télépathie d'hier soir, la révélation transcendantale, ou peu importe comment on l'appelle, était vraie ; car, chose étrange à dire, il venait d'entrer dans la vallée par le sentier Coulterville et remontait la vallée en passant par El Capitan lorsque sa présence m'a frappé. S'il avait ensuite regardé vers le North Dome avec un bon verre dès qu'il était apparu pour la première fois, il m'aurait peut-être vu sauter de mon travail et courir vers lui. Cela semble être la seule merveille bien définie de ma vie du genre appelé surnaturel ; car, absorbé par la joyeuse Nature, les coups spirituels, la seconde vue, les histoires de fantômes, etc., ne m'ont jamais intéressé depuis mon enfance, semblant comparativement inutiles et infiniment moins merveilleuses que la beauté ouverte, harmonieuse, chantante, ensoleillée et quotidienne de la Nature.

Ce matin, quand j'ai pensé à devoir apparaître parmi les touristes dans un hôtel, j'ai été troublé parce que je n'avais pas de vêtements convenables et, au mieux, je suis désespérément timide et timide. J'étais cependant résolu à aller voir mon vieil ami après deux ans chez des étrangers ; J'ai enfilé une salopette propre, une chemise en cachemire et une sorte de veste, la meilleure de ma garde-robe de camp, j'ai attaché mon cahier à ma ceinture et je suis parti pour mon étrange voyage, suivi de Carlo. Je me suis frayé un chemin à travers la brèche découverte hier soir, qui s'est avérée être Indian Cañon. Il n'y avait aucune trace et les rochers et les broussailles étaient si accidentés que Carlo me rappelait fréquemment pour l'aider à descendre les endroits escarpés. En sortant de l'ombre du canon, j'ai trouvé un homme en train de faire du foin dans l'un des prés et je lui ai demandé si le professeur Butler était dans la vallée. «Je ne sais pas», répondit-il; « mais vous pouvez facilement le découvrir à l'hôtel. Il y a actuellement peu de visiteurs dans la vallée. Une petite fête est arrivée hier après-midi et j'ai entendu quelqu'un s'appeler professeur Butler, ou Butterfield, ou un nom du genre.

Les chutes Vernal, parc national de Yosemite

Devant l'hôtel sombre, j'ai trouvé un groupe de touristes ajustant leur matériel de pêche. Ils me regardèrent tous avec un étonnement silencieux, comme si on m'avait vu tomber à travers les arbres depuis les nuages, principalement, je suppose, à cause de mon étrange costume. En me renseignant sur le bureau, on m'a dit qu'il était fermé à clé et que le propriétaire était absent, mais je pourrais trouver la propriétaire, Mme Hutchings, dans le salon. J'entrai dans un triste état d'embarras, et après avoir attendu dans la grande pièce vide et frappé à plusieurs portes, la logeuse apparut enfin et, en réponse à ma question, elle me dit qu'elle pensait plutôt que le professeur Butler *était* dans la vallée, mais pour assurez-vous qu'elle apporterait le registre du bureau. Parmi les noms des derniers arrivés, je découvris bientôt l'écriture familière du professeur, à la vue de laquelle la pudeur disparut ; et ayant appris que son groupe avait remonté la vallée, probablement jusqu'aux chutes Vernal et Nevada, je poursuivis joyeusement ma poursuite, mon cœur maintenant sûr de sa proie. En moins d'une heure, j'atteignis la tête du Nevada Cañon, à la chute Vernal, et juste à l'extérieur des embruns, je découvris un gentleman à l'air distingué qui, comme tous ceux que j'ai vus aujourd'hui, me regardait avec curiosité à mesure que je m'approchais. Lorsque j'ai osé lui demander s'il savait où se trouvait le professeur Butler, il a semblé encore plus curieux de savoir ce qui aurait pu se passer et qui aurait nécessité un messager pour le professeur, et au lieu de répondre à ma question, il a demandé avec une acuité militaire : « Qui veut de lui ? ?" "Je le veux", répondis-je avec la même acuité. "Pourquoi? Est-ce-que *tu* le connais?" "Oui," dis-je. "Est-ce-que *tu* le connais?" Étonné que quiconque dans les montagnes puisse connaître le professeur Butler et le retrouver dès qu'il eut atteint la vallée, il descendit pour rencontrer l'étrange montagnard sur un pied d'égalité et répondit courtoisement : « Oui, je connais très bien le professeur Butler. Je suis le général Alvord et nous étions camarades de classe à Rutland, dans le Vermont, il y a longtemps, lorsque nous étions tous les deux jeunes. « Mais où est-il maintenant ? J'ai persisté, coupant court à son histoire. "Il est allé au-delà des chutes avec un compagnon, pour tenter de gravir ce gros rocher dont vous voyez le sommet d'ici." Son guide donna alors spontanément l'information que c'était le Liberty Cap. Le professeur Butler et son compagnon étaient allés grimper, et que si j'attendais à la tête de la chute, je serais sûr de les retrouver en descendant. Je gravis donc les échelles le long de la Chute Vernal, et j'avançais, déterminé à me rendre en toute hâte au sommet du rocher Liberty Cap, plutôt que d'attendre, si je ne rencontrais pas mon ami plus tôt. Il peut parfois être si affamé de voir un ami en chair et en os, même si sa vie est heureuse et insouciante. Je n'avais cependant parcouru qu'une courte distance au-dessus du front de la Chute Vernale lorsque je l'aperçus dans les broussailles et les rochers, à moitié droit, tâtonnant, les manches retroussées, la veste ouverte, le chapeau à la main, visiblement très chaud et fatigué. Lorsqu'il me vit arriver, il s'assit sur un rocher pour essuyer la sueur de son front et de son cou, et me prenant pour l'un des guides de la vallée, il demanda le chemin des échelles d'automne. Je lui montrai le chemin marqué de petits tas de pierres, voyant qu'il appela son compagnon pour lui dire que le chemin était trouvé ; mais il ne m'a pas encore reconnu. Puis je me suis tenu directement devant lui, je l'ai regardé en face et je lui ai tendu la main. Il pensait que je lui proposais de l'aider à se lever. « Peu importe, » dit-il. Puis j'ai dit : « Professeur Butler, vous ne me connaissez pas ? «Je ne pense pas», répondit-il; mais en croisant mon regard, une soudaine reconnaissance s'ensuivit, et un étonnement que je l'aurais trouvé juste au moment où il était perdu dans les broussailles et ne savais pas que j'étais à des centaines de kilomètres de lui. "John Muir, John Muir, d'où viens-tu ?" Puis je lui ai raconté l'histoire de ma sensation de sa présence lorsqu'il est entré dans la vallée hier soir, alors qu'il se trouvait à quatre ou cinq milles de distance, alors que j'étais assis en train de dessiner sur le Dôme Nord. Ceci, bien sûr, ne faisait que le rendre encore plus curieux. Au pied de la chute Vernal, le guide attendait avec son cheval de selle, et j'ai marché le long du sentier, discutant jusqu'à l'hôtel, parlant des jours d'école, des amis à Madison, des étudiants, de la façon dont chacun avait prospéré. , etc., regardant de temps en temps les rochers prodigieux qui nous entourent, devenant maintenant indistincts dans l'obscurité, et citant encore une fois les poètes - une promenade rare.

Il était tard lorsque nous arrivâmes à l'hôtel et le général Alvord attendait l'arrivée du professeur pour le dîner. Lorsqu'on me présenta, il parut encore plus étonné que le professeur de ma descente du pays des nuages et de ma route directe vers mon ami sans savoir d'une manière ordinaire qu'il se trouvait même en Californie. Ils étaient venus directement de l'Est, n'avaient encore rendu visite à aucun de leurs amis dans l'État et se considéraient comme introuvables. Alors que nous étions assis en train de dîner, le général s'est penché en arrière sur sa chaise et, regardant vers la table, m'a ainsi présenté à la douzaine d'invités, y compris le pêcheur dévisagé mentionné ci-dessus : « Cet homme, vous savez, est descendu de ces immenses , des montagnes sans pistes, vous savez, pour retrouver ici son ami le professeur Butler, le jour même de son arrivée ; et comment savait-il qu'il était ici ? Il l'a juste senti, dit-il. C'est le cas le plus étrange d'hypermétropie écossaise dont j'ai jamais entendu parler », etc., etc. Tandis que mon ami citait Shakespeare : « Il y a plus de choses dans le ciel et sur la terre, Horatio, que n'en rêve votre philosophie », « Comme le soleil, avant il s'est levé, peint parfois son image au firmament, de même les ombres des événements précèdent les événements, et aujourd'hui marche déjà demain.

J'ai eu une longue conversation, après le dîner, pendant les journées de Madison. Le professeur veut que je promette de l'accompagner, un jour, en camping dans les îles hawaïennes, pendant que j'essayais de le convaincre de revenir avec moi camper dans la haute Sierra. Mais il dit : « Pas maintenant. » Il ne doit pas quitter le général ; et j'ai été surpris d'apprendre qu'ils devaient quitter la vallée demain ou après-demain. Je suis heureux de ne pas être assez grand pour manquer dans le monde occupé.

4 août. Il semblait étrange de dormir dans une chambre d'hôtel dérisoire après la magnificence et le luxe spacieux du ciel étoilé et du bosquet de sapins argentés. J'ai dit adieu à mon ami et au général. Le vieux soldat était très gentil et un causeur intéressant. Il m'a raconté de longues histoires sur la guerre des Séminoles de Floride, à laquelle il a pris part, et m'a invité à lui rendre visite à Omaha. Appelant Carlo, je suis rentré chez moi par la porte indienne de Cañon, me réjouissant, ayant pitié du pauvre professeur et du général, liés par des horloges, des almanachs, des ordres, des devoirs, etc., et obligé de vivre avec le soin des basses terres, la poussière et le vacarme, là où la nature est couverte. et sa voix était étouffée, tandis que le pauvre et insignifiant voyageur jouissait de la liberté et de la gloire du désert de Dieu.

Outre l'intérêt humain de ma visite d'aujourd'hui, j'ai beaucoup apprécié Yosemite, que je n'avais visité qu'une seule fois auparavant, après avoir passé huit jours au printemps dernier à me promener au milieu de ses rochers et de ses eaux. Partout où nous allons dans les montagnes, ou même dans l'un des champs sauvages de Dieu, nous trouvons plus que ce que nous cherchons. En descendant quatre mille pieds en quelques heures, nous entrons dans un nouveau monde : le climat, les plantes, les sons, les habitants et les paysages sont tous nouveaux ou modifiés. Près du camp, le chêne doré forme des feuilles de chaparral sur lesquelles nous pouvons faire nos lits. En descendant l'Indien Cañon, nous observons ce petit buisson se transformer par gradations régulières en un grand buisson, en un petit arbre, puis en plus grand, jusqu'à ce que sur les éboulis rocheux près du fond de la vallée, nous le trouvions développé en un large arbre s'étalant largement. , arbre noueux et pittoresque de quatre à huit pieds de diamètre et quarante ou cinquante pieds de haut. Les formes d'eau présentées sont innombrables. Chaque tronçon, cascade et chute a ses propres caractères. J'avais une bonne vue sur le Vernal et le Nevada, deux des principales chutes de la vallée, distantes de moins d'un mile et offrant des différences frappantes de voix, de forme, de couleur, etc. Le Vernal, quatre cents pieds de haut et environ soixante-quinze ou quatre-vingts pieds de large, tombe doucement sur un précipice aux lèvres rondes et forme un superbe tablier de broderie, vert et blanc, légèrement plié et cannelé, maintenant cette forme presque jusqu'au fond, où il est soudainement voilé par des vagues d'écume volant rapidement. et la brume, dans laquelle les rayons du soleil de l'après-midi jouent avec la ravissante beauté des couleurs de l'arc-en-ciel. Le Nevada est blanc dès sa première apparition alors qu'il bondit dans la liberté de l'air. À la tête, il présente une apparence tordue, par un débordement du courant venant frapper sur le côté de son canal juste avant que le premier saut libre vers l'extérieur ne soit effectué. Environ aux deux tiers de la descente, la foule pressée de masses en forme de comète jette un coup d'œil sur une partie inclinée de la face du précipice et est battue en une écume encore plus blanche, considérablement élargie et envoyée en bondissant vers l'extérieur, faisant un spectacle indescriptiblement glorieux, en particulier quand le soleil de l'après-midi s'y déverse. En cet automne, l'un des plus merveilleux du monde, l'eau ne semble pas être soumise aux lois ordinaires, mais plutôt comme si elle était un être vivant, plein de la force des montagnes et de leur joie immense et sauvage. .

Sous de lourds jets d'embruns lancinants, on voit la rivière brisée émerger en bandes déchiquetées et irritées par les rochers. Ceux-ci sont rapidement rassemblés dans un torrent rugissant, montrant que la jeune rivière est toujours glorieusement vivante. Il continue, criant, rugissant, exultant de sa force, traverse une gorge avec un sublime déploiement d'énergie, puis s'étend soudain sur un trottoir légèrement incliné, le long duquel il s'engouffre en minces draps et plis de dentelles dans un bassin tranquille, — « Emerald Pool », comme on l'appelle, — une halte, une période séparant deux grandes phrases. Se reposant ici assez longtemps pour se séparer de ses cloches d'écume et de ses mélanges d'air gris, il glisse tranquillement jusqu'au bord du précipice Vernal dans une large nappe et fait son nouveau spectacle dans la Chute Vernal ; puis d'autres rapides et rochers jettent le long du canon, ombragés par des chênes verts, des épicéas de Douglas, des sapins, des érables et des cornouillers. Il reçoit l'affluent de l'Illilouette et s'étend longuement dans la vallée plate et ensoleillée pour rejoindre les autres ruisseaux qui, comme lui, ont dansé et chanté depuis les hauteurs enneigées pour former la principale Merced, la rivière de la Miséricorde. . Mais cela n'a pas de fin, et la vie, quand on y pense, est si courte. Qu'à cela ne tienne, un jour au milieu de ces gloires divines vaut la peine d'être vécu, de travailler dur et de mourir de faim.

Avant de se séparer du professeur Butler, il m'a offert un livre et je lui ai offert un de mes croquis au crayon pour son petit-fils Henry, qui est l'un de mes préférés. Il venait souvent dans ma chambre lorsque j'étais étudiant. Jamais je n'oublierai ses discours patriotiques pour l'Union, montés sur un haut tabouret, alors qu'il n'avait que six ans.

Il semble étrange que les visiteurs de Yosemite soient si peu influencés par sa grandeur nouvelle, comme si leurs yeux étaient bandés et leurs oreilles bouchées. La plupart de ceux que j'ai vus hier baissaient les yeux comme s'ils étaient totalement inconscients de ce qui se passait autour d'eux, tandis que les rochers sublimes tremblaient au son de la puissante congrégation chantante des eaux rassemblées de toutes les montagnes alentour, faisant une musique qui pourrait attirer les anges. hors des cieux. Pourtant, des gens d'apparence respectable, voire sages, fixaient des morceaux de vers sur des morceaux de fil pliés pour attraper des truites. C'est du sport qu'ils appelaient. Si les fidèles essayaient de passer leur temps à pêcher dans les fonts baptismaux pendant que des sermons ennuyeux étaient prêchés, ce soi-disant sport ne serait peut-être pas si mauvais ; mais jouer dans le temple de Yosemite, cherchant du plaisir dans la douleur des poissons luttant pour leur vie, pendant que Dieu lui-même prêche ses sermons les plus sublimes sur l'eau et la pierre !

Les Îles Heureuses, Parc National de Yosemite

Maintenant, je suis de retour près du feu de camp, et je ne peux m'empêcher de penser à ma reconnaissance de la présence de mon ami dans la vallée alors qu'il était à quatre ou cinq milles de là, et alors que je n'avais aucun moyen de savoir qu'il n'était pas à des milliers de kilomètres. . Cela semble surnaturel, mais seulement parce que cela n'est pas compris. Quoi qu'il en soit, il semble idiot d'en faire autant, alors que le naturel et le commun sont plus véritablement merveilleux et mystérieux que ce qu'on appelle le surnaturel. En fait, la plupart des miracles dont nous entendons parler sont infiniment moins merveilleux que les phénomènes naturels les plus courants, lorsqu'ils sont bien observés. Peut-être les rayons invisibles qui m'ont frappé alors que j'étais assis au travail sur le Dôme ressemblent-ils à ceux qui attirent et repoussent les gens au premier regard, sur lesquels tant d'absurdités ont été écrites. Le pire effet apparent de ces mystérieuses choses étranges est l'aveuglement à l'égard de tout ce qui est divinement commun. Hawthorne, j'imagine, pourrait tirer l'une de ses étranges romances de ce petit épisode télépathique, la seule étrange merveille de ma vie, remplaçant probablement mon bon vieux professeur par une jolie femme.

5 août. Nous avons été réveillés ce matin avant le lever du jour par les aboiements furieux de Carlo et Jack et le bruit des moutons qui se précipitaient. Billy s'est enfui de son lit punk vers le feu et a refusé de s'enfoncer dans l'obscurité pour tenter de rassembler le troupeau dispersé ou de déterminer la nature de la perturbation. C'était une attaque d'ours, comme nous l'avons appris par la suite, et je suppose que nous n'avions pas grand-chose à tenter d'agir avant le jour. Néanmoins, désireux de savoir ce qui se passait, Carlo et moi nous frayions un chemin à travers les bois, guidés par le bruissement des fragments du troupeau, sans craindre l'ours, car je savais que les fuyards s'éloigneraient de leur ennemi aussi loin que possible. autant que possible et il fallait aussi compter sur le nez de Carlo. À environ un demi-mile à l'est du corral, nous avons rattrapé vingt ou trente membres du troupeau et avons réussi à les repousser ; puis, nous tournant vers l'ouest, nous traquâmes une autre bande de fugitifs et les ramenâmes au troupeau. Après le lever du jour, j'ai découvert les restes d'une carcasse de mouton, encore chaude, montrant que Bruin devait profiter de son petit-déjeuner matinal à base de mouton pendant que je cherchais les fuyards. Il en avait mangé environ la moitié. Six moutons morts gisaient dans le corral, visiblement étouffés par la foule et l'entassement du troupeau contre le côté du mur du corral lorsque l'ours est entré. Faisant un large tour du camp, Carlo et moi avons découvert une troisième bande de fugitifs et les avons ramenés au camp. Nous avons également découvert un autre mouton mort à moitié mangé, ce qui montre qu'il y avait eu deux flibustiers hirsutes à ce petit-déjeuner matinal. Ils ont été facilement retrouvés. Ils avaient chacun attrapé un mouton, sauté avec eux par-dessus la clôture du corral, les portant comme un chat porte une souris, les avait déposés au pied des sapins, à une centaine de mètres en retrait du corral, et mangeaient à leur faim. Après le petit déjeuner, je partis à la recherche d'autres disparus et j'en trouvai soixante-quinze à une distance considérable du camp. Dans l'après-midi, j'ai réussi, avec l'aide de Carlo, à les ramener au troupeau. Je ne sais pas si tous sont à nouveau ensemble ou non. Je ferai un grand feu ce soir et je veillerai.

Quand j'ai demandé à Billy pourquoi il avait fait son lit contre le corral en bois pourri, alors qu'il y avait tant de meilleurs endroits disponibles, il a répondu qu'il « souhaitait être aussi près que possible des moutons au cas où des ours les attaqueraient ». Maintenant que les ours sont arrivés, il a déplacé son lit à l'autre bout du camp et semble craindre d'être pris pour un mouton.

Ce fut surtout une journée consacrée aux moutons et, bien sûr, les études ont été interrompues. Néanmoins, la promenade dans l'obscurité des bois avant l'aube en valait la peine, et j'ai appris quelque chose sur ces nobles ours. Leurs traces sont très révélatrices, tout comme leurs petits-déjeuners. À peine une trace de nuages aujourd'hui, et bien sûr, notre ordinaire tonnerre de midi fait défaut.

6 août. Nous avons apprécié la grande illumination du bosquet du camp, hier soir, grâce au feu que nous avons allumé pour effrayer les ours — compensation pour la perte de sommeil et de moutons. Les nobles piliers de verdure, vivement illuminés, semblaient jaillir vers le ciel comme les flammes qui les éclairaient. Néanmoins, un des ours nous rendit une autre visite, comme plus attiré que repoussé par le feu, grimpa dans le corral, tua un mouton et s'enfuit avec lui sans être vu, tandis qu'un autre encore se perdit, piétiné et étouffé contre le flanc. du corral. Maintenant que notre mouton a été goûté, je suppose qu'il sera difficile de mettre un terme aux ravages de ces flibustiers.

Le Don est arrivé aujourd'hui des plaines avec des provisions et une lettre. Apprenant les pertes qu'il avait subies, il résolut de déplacer immédiatement le troupeau vers la région du Haut Tuolumne, disant que les ours visiteraient certainement le camp toutes les nuits aussi longtemps que nous resterions, et que nous ne pourrions faire aucun feu ni bruit. aurait pour but de les effrayer. Aucun nuage, hormis quelques fines touches brillantes à l'horizon oriental. Un tonnerre entendu au loin.

CHAPITRE VIII

LE SENTIER MONO

7 août. Tôt ce matin, nous avons dit au revoir aux ours et au camp de sapins argentés bénis, et nous nous sommes dirigés lentement vers l'est le long du sentier Mono. Au coucher du soleil, nous campons pour la nuit dans l'une des nombreuses petites prairies fleuries tant appréciées lors de mon excursion au lac Tenaya. Le troupeau poussiéreux et bruyant semble outrageusement étranger et déplacé dans ces jardins naturels, plus encore que les ours parmi les moutons. Le mal qu'ils font va au cœur, mais l'espérance glorieuse soulève par-dessus tout la poussière et le vacarme et me fait espérer un moment heureux venant, où suffisamment d'argent sera gagné pour me permettre d'aller marcher où je veux dans une pure sauvagerie, avec ce que je peux emporter sur mon dos, et lorsque le sac à pain est vide, je cours jusqu'au point le plus proche de la file d'attente pour en chercher davantage. Ces descentes ne seront pas non plus vides de sens, car, que ce soit en montée ou en descente, chaque pas et chaque saut sur ces montagnes bénies sont pleins de belles leçons.

VUE DU LAC TENAYA MONTRANT LE PIC DE LA CATHÉDRALE

UNE DES FONTAINES TRIBUTAIRES DES EAUX DE TUOLUMNE CAÑON, SUR LE CÔTÉ NORD DE LA CHAÎNE HOFFMAN

8 août. Campement à l'extrémité ouest du lac Tenaya. Arrivé tôt, j'ai fait une promenade sur les trottoirs polis par les glaciers le long de la rive nord et j'ai escaladé le magnifique rocher de montagne à l'extrémité est du lac, qui brille maintenant dans la lumière de fin d'après-midi. Presque chaque mètre de sa surface montre l'action de rayage et de polissage d'un grand glacier qui l'a enveloppé et a balayé lourdement son sommet, bien qu'il soit à environ deux mille pieds de haut au-dessus du lac et dix mille au-dessus du niveau de la mer. Cette majestueuse et ancienne inondation de glace est venue de l'est, comme le montrent les rayures et l'écrasement de la surface. Même au-dessous des eaux du lac, la roche est encore, en certains endroits, rainurée et polie ; le clapotis des vagues et leur action désintégratrice n'ont pas encore effacé même les marques superficielles de la glaciation. En gravissant les endroits polis les plus escarpés, j'ai dû enlever mes chaussures et mes bas. Une belle région pour l'étude de l'action glaciaire dans la formation des montagnes. J'ai trouvé beaucoup de plantes charmantes : des marguerites arctiques, des phlox, des spirées blanches, des bryanthus et des fougères rocheuses, des pellées, des cheilanthes, des allosorus, bordant des coutures altérées jusqu'au sommet ; et des genévriers robustes, de grands monuments gris et bruns, se dressaient courageusement sur des endroits fissurés ici et là, racontant des histoires de tempêtes et d'avalanches sur des centaines d'hivers. La vue sur le lac depuis le sommet est, je pense, la meilleure de toutes. Il y a un autre rocher, de forme plus frappante que celui-ci, isolé à la tête du lac, mais il n'est pas plus de la moitié de sa hauteur. Il s'agit d'un bouton ou d'un nœud de granit bruni, d'environ mille pieds de haut, apparemment aussi impeccable et de structure aussi solide qu'un caillou usé par les vagues, et qui doit probablement son existence à la résistance supérieure qu'il offre à l'action de la glace débordante. inondation.

J'ai fait un croquis du lac et je suis retourné au camp, mes chaussures ferrées claquant sur les trottoirs, dérangeant les tamias et les oiseaux. Après la tombée de la nuit, nous nous dirigeâmes vers le rivage, sans un souffle d'air, le lac étant un miroir parfait reflétant le ciel et les montagnes avec leurs étoiles, leurs arbres et leurs merveilleuses sculptures, toute leur grandeur raffinée et doublée, un tableau merveilleusement impressionnant, qui semblait appartenir plus au ciel qu'à la terre.

9 août. J'ai précédé le troupeau et franchi la frontière entre les bassins de Merced et de Tuolumne. L'écart entre l'extrémité est de l'éperon Hoffman et la masse de roches montagneuses autour de Cathedral Peak, bien que rendu rugueux par des crêtes et des plis ondulants, semble être l'un des canaux d'un large glacier ancien venu des montagnes au sommet de l'éperon Hoffman. gamme. En franchissant cette ligne de partage, la rivière de glace fit une ascension d'environ cinq cents pieds depuis les prairies de Tuolumne. Cette région entière a dû être recouverte de glace.

Du haut de la ligne de partage des eaux, ainsi que des grands prés de Tuolumne, la magnifique montagne appelée Cathedral Peak est en vue. À tous points de vue, il montre une individualité marquée. C'est un temple majestueux d'une seule pierre, taillé dans la roche vivante et orné de flèches et de pinacles dans le style régulier d'une cathédrale. Les pins nains sur le toit ressemblent à de la mousse. J'espère avoir le temps d'y grimper pour dire mes prières et entendre les sermons de pierre.

Les grandes prairies de Tuolumne sont des pelouses fleuries, situées le long de la fourche sud de la rivière Tuolumne, à une hauteur d'environ quatre-vingt-cinq cents à neuf mille pieds au-dessus de la mer, partiellement séparées par des forêts et des barres de granit glaciaire. Ici, les montagnes semblent avoir été dégagées ou en retrait, de sorte que l'on puisse avoir une vue dégagée dans toutes les directions. L'extrémité supérieure de la série se trouve à la base du mont Lyell, l'extrémité inférieure en dessous de l'extrémité est de la chaîne Hoffman, la longueur doit donc être d'environ dix ou douze milles. Leur largeur varie d'un quart de mille à peut-être trois quarts, et de nombreuses prairies de branches sont disposées le long des rives des cours d'eau affluents. C'est le terrain de plaisir le plus spacieux et le plus délicieux que j'aie jamais vu. L'air est vif et vivifiant, mais chaud pendant la journée ; et bien qu'elles soient hautes dans le ciel, les montagnes environnantes sont tellement plus hautes qu'on se sent protégé comme dans une grande salle. Les monts Dana et Gibbs, montagnes rouges massives, hautes peut-être de treize mille pieds ou plus, délimitaient la vue à l'est, les pics Cathedral et

Unicorn, avec de nombreux sommets sans nom, au sud, la chaîne Hoffman à l'ouest et un certain nombre de sommets. des sommets sans nom, à ma connaissance, au nord. L'une de ces dernières ressemble beaucoup à la Cathédrale. L'herbe des prés est pour la plupart fine et soyeuse, avec des feuilles extrêmement minces, formant un gazon serré, au-dessus duquel les panicules de minuscules fleurs violettes semblent flotter dans une légèreté aérienne et brumeuse, tandis que le gazon est enrichi d'au moins trois espèces de gentiane. et autant ou plus d'orthocarpus, de potentilla, d'ivesia, de solidago, de pentstemon, avec leurs couleurs gaies, — violet, bleu, jaune et rouge, — que je connaîtrai peut-être mieux d'ici peu. Un camp central sera probablement établi dans cette région, d'où j'espère faire de longues excursions dans les montagnes environnantes.

Sur le chemin du retour, j'ai rencontré le troupeau à environ cinq kilomètres à l'est du lac Tenaya. Ici, nous avons campé pour la nuit près d'un petit lac situé au sommet de la ligne de partage des eaux, dans un bosquet de pins à deux feuilles. Nous sommes maintenant à environ neuf mille pieds au-dessus de la mer. Les petits lacs abondent dans toutes sortes de situations, sur les crêtes, le long des flancs des montagnes et dans des tas de rochers morainiques, pour la plupart de simples étangs. Ce n'est que dans les canons des plus grands ruisseaux, au pied des déclivités, où la poussée descendante des glaciers était la plus forte, que nous trouvons des lacs d'une taille et d'une profondeur considérables. Quelle tâche ce serait une tâche gratifiante de les retrouver tous et de les étudier ! Comme leurs eaux sont pures, claires comme le cristal des bassins de pierre polie ! Aucun d'eux, autant que je l'ai vu, n'a de poisson, je suppose à cause des chutes qui les rendent inaccessibles. Pourtant, on pourrait penser que leurs œufs pourraient pénétrer dans ces lacs par hasard ou autre ; sur les pattes des canards par exemple, ou dans leur bouche, ou encore dans leurs cultures, car certaines graines de plantes sont distribuées. La nature a tellement de façons de faire de telles choses. Comment les grenouilles, présentes dans tous les marécages, mares et lacs, aussi hauts soient-ils, ont-elles réussi à gravir ces montagnes ? Sûrement pas en sautant. De telles excursions à travers des kilomètres de broussailles sèches et de rochers seraient très pénibles pour les grenouilles. Peut-être que leurs œufs gélatineux et filandreux sont parfois emmêlés ou collés aux pattes des oiseaux aquatiques. Quoi qu'il en soit, ils sont là et en bonne santé et en bonne santé. J'aime leur joyeux tronc et leur froncement. Ils remplacent à la rigueur les oiseaux chanteurs.

10 août. Encore une de ces charmantes journées exaltantes qui font danser le sang et exciter les courants nerveux qui rendent insupportable et presque immortel. J'ai eu une autre vue de la large division labourée par les glaces et j'ai regardé encore et encore le temple de la Sierra et les grandes montagnes rouges à l'est des prairies.

Nous campons près de Soda Springs, du côté nord de la rivière. Nous avons eu du mal à faire passer les moutons. Ils furent conduits dans un virage en fer à cheval et assez entassés sur la berge. Ils semblaient prêts à souffrir la mort plutôt que de risquer de se mouiller, même s'ils nagent assez bien quand il le faut. Pourquoi les moutons ont-ils une peur si déraisonnable de l'eau, je ne le sais pas, mais ils la craignent dès leur naissance et peut-être avant. Une fois, j'ai vu un agneau âgé de quelques heures seulement s'approcher d'un ruisseau peu profond d'environ deux pieds de large et un pouce de profondeur, après avoir parcouru seulement une centaine de mètres au cours de son parcours de vie. Tout le troupeau auquel il appartenait avait traversé ce ruisseau d'un pouce de profondeur, et comme la mère et son agneau furent les derniers à traverser, j'eus bonne occasion de les observer. Dès que le troupeau fut écarté, la mère inquiète traversa et appela le petit. Il marcha prudemment jusqu'au bord, regarda l'eau, bêla piteusement et refusa de s'aventurer. La mère patiente y revint encore et encore pour l'encourager, mais longtemps en vain. Comme le pèlerin sur les rives tumultueuses du Jourdain, il craignait de s'élancer. Enfin, rassemblant ses jambes tremblantes et inexpérimentées pour un effort puissant, levant la tête comme s'il savait tout sur la noyade, et désireux de garder son nez hors de l'eau, il fit un bond formidable et atterrit au milieu du pouce. ruisseau profond. Il parut étonné de constater qu'au lieu de s'enfoncer au-dessus de la tête et des oreilles, seuls ses orteils étaient mouillés, contemplaient l'eau brillante pendant quelques secondes, puis sautaient vers le rivage sains et saufs au cours de cette terrible aventure. Toutes les espèces de moutons sauvages sont des animaux de montagne et la peur de l'eau de leurs descendants n'est pas facile à expliquer.

11 août. Beau temps ensoleillé, avec un orage et de la pluie pendant dix minutes à midi. Randonnée toute la journée pour découvrir la région au nord de la rivière. On y trouve un petit lac et de nombreuses charmantes prairies glaciaires enchâssées dans une vaste forêt de pins à deux feuilles. La forêt pousse sur de larges dépôts presque continus de matériel morainique, sa croissance est remarquablement uniforme et les arbres sont beaucoup plus rapprochés que dans n'importe quelle forêt de sapins ou de pins située plus loin dans la chaîne. La régularité de la croissance semble indiquer que les arbres sont tous du même âge ou à peu près. Cette régularité est probablement due en grande partie à un incendie. J'ai vu plusieurs grandes parcelles et bandes de longerons blanchis et morts, le sol en dessous étant couvert d'une jeune pousse uniforme. Le feu peut se propager dans ces bois, non seulement parce que l'écorce mince des arbres est dégoulinante de résine, mais aussi parce que la végétation est dense et que le sol relativement riche produit de bonnes récoltes de hautes herbes à larges feuilles sur lesquelles le feu peut se propager, même lorsque le temps est calme. En plus de ces parcelles détruites par le feu, il y a ici et là un bon nombre d'arbres déracinés tombés, certains avec l'écorce et les aiguilles encore en place, comme s'ils avaient été récemment abattus par quelque souffle d'orage. J'ai vu un gros cerf de Virginie, un chevreuil dont les bois ressemblaient aux racines retournées d'un pin tombé.

Après une longue promenade à travers les bois denses et encombrés, j'émergeai sur une prairie lisse, pleine de soleil, semblable à un lac de lumière, longue d'environ un mille et demi, large d'un quart à un demi-mille et délimitée par de grands pins fléchés. Le gazon, comme celui de toutes les prairies glaciaires des environs, est composé principalement d'agrostis soyeux et de calamagrostis ; leurs panicules de fleurs violettes et de tiges violettes, extrêmement légères et aérées, semblent flotter au-dessus de la peluche verte des feuilles comme un mince nuage brumeux, tandis que le gazon est égayé par plusieurs espèces de gentiane, potentille, ivesia, orthocarpus et leurs abeilles correspondantes. et les papillons. Toutes les prairies glaciaires sont magnifiques, mais peu sont aussi parfaites que celle-ci. En comparaison, les pelouses artificielles des terrains de plaisance les plus soigneusement nivelées, léchées et tondues sont des choses grossières. J'aimerais toujours vivre ici. Il est si calme et retiré tout en étant ouvert sur l'univers en pleine communion avec tout ce qui est bon. Au nord de cette glorieuse prairie, je découvris le camp de quelques chasseurs indiens. Leur feu brûlait toujours, mais ils n'étaient pas encore revenus de la chasse.

De prairie en prairie, chacune d'une beauté inimaginable, et de lac en lac à travers des bosquets et des ceintures de flèches, j'ai continué mon chemin vers le nord en direction du mont Conness, trouvant partout une beauté révélatrice, tandis que les montagnes environnantes m'appelaient « Viens ». J'espère pouvoir tous les gravir.

12 août. Le paysage du ciel n'a que peu changé jusqu'à présent avec le changement d'altitude. Nuages d'environ 0,05. De glorieux cumulus nacrés teintés de violet d'une ineffable finesse de ton. Camp déplacé du côté de la prairie glaciaire mentionnée ci-dessus. Laisser des moutons piétiner un lieu aussi divinement beau semble barbare. Heureusement, ils préfèrent les succulentes triticum à feuilles larges et autres graminées des bois aux espèces soyeuses des prairies et les mordent donc rarement ou y mettent rarement le pied.

PRAIRIE GLACIAIRE, SUR LE COURS D'Amont DE LA TUOLUMNE À 9 500 PIEDS AU-DESSUS DE LA MER

Le berger et le Don ne peuvent s'entendre sur les méthodes d'élevage. Billy met trop souvent son chien Jack sur les moutons, pense le Don ; et après une dispute aujourd'hui, au cours de laquelle le berger revendiquait haut et fort le droit de promener les moutons aussi souvent qu'il le voulait, il partit pour les plaines. Maintenant, je suppose que la garde des moutons me reviendra, bien que M. Delaney promette de s'occuper lui-même du troupeau pendant un certain temps, puis de retourner dans les basses terres et d'amener un autre berger, afin de me laisser libre d'errer à ma guise.

J'ai eu une autre riche randonnée. Poussé vers le nord au-delà des forêts jusqu'à la tête du bassin général, où les traces de l'action glaciaire sont étonnamment claires et intéressantes. Les recoins des sommets ressemblent à des carrières, tant les éclats de moraine et les rochers qui jonchent le sol des ateliers glaciaires de la nature sont bruts et frais.

Peu après mon retour au camp, nous reçumes la visite d'un Indien, probablement l'un des chasseurs dont j'avais découvert le camp. Il était venu du Mono, disait-il, avec d'autres membres de sa tribu, pour chasser le cerf. Celui qu'il avait tué à une courte distance d'ici, il le portait sur son dos, les jambes attachées ensemble en un bouquet ornemental sur son front. Jetant son fardeau, il regarda fixement pendant quelques minutes en silence à la manière indienne, puis nous coupa huit ou dix livres de venaison et nous demanda un « petit » (un peu) de tout ce qu'il voyait ou pouvait penser : farine, pain. , sucre, tabac, whisky, aiguilles, etc. Nous avons donné un juste prix pour la viande en farine et sucre et avons ajouté quelques aiguilles. Une vie étrangement sale et irrégulière que mènent ces sauvages aux yeux sombres, aux cheveux noirs et à moitié heureux dans ce désert propre, - famine et abondance, calme mortel, indolence et action admirable et infatigable se succédant dans un rythme orageux comme l'hiver et l'été. . Ils ont deux choses que les travailleurs civilisés pourraient bien leur envier : l'air pur et l'eau pure. Ceux-ci contribuent grandement à dissimuler et à guérir la grossièreté de leur vie. Leur nourriture est principalement composée de bonnes baies, de pignons de pin, de trèfle, de bulbes de lys, de moutons sauvages, d'antilopes, de cerfs, de tétras, de poules sauges et de larves de fourmis, de guêpes, d'abeilles et d'autres insectes.

13 août. Journée tout soleil, aube et soir violets, midi doré, pas de nuages, air immobile. M. Delaney est arrivé avec deux bergers, dont un Indien. En remontant des plaines, il a laissé quelques provisions au camp portugais de Porcupine Creek, près de notre ancien camp de Yosemite, et je suis parti ce matin avec l'un des animaux de somme pour les chercher. Arrivé au camp du Porc-épic à midi, et aurait pu rentrer à Tuolumne tard dans la soirée, mais a décidé de passer la nuit chez les bergers portugais à leur invitation pressante. Ils avaient de tristes histoires à raconter sur les pertes causées par les ours de Yosemite, et étaient si découragés qu'ils semblaient sur le point de quitter les montagnes ; car les ours venaient chaque nuit et se servaient d'un ou plusieurs membres du troupeau, malgré tous leurs efforts pour les éloigner.

J'ai passé l'après-midi à faire une grande randonnée le long des murs de Yosemite. Du plus haut des rochers appelés les Trois Frères, j'avais une vue magnifique comprenant toute la moitié supérieure du fond de la vallée et presque tous les rochers des parois des deux côtés et à la tête, avec des sommets enneigés en arrière-plan. J'ai également vu les chutes Vernal et Nevada, un tableau vraiment glorieux, la force et la permanence des roches combinées à la beauté des plantes fragiles, fines et évanescentes ; l'eau descendant dans le tonnerre, et la même eau glissant à travers les prairies et les bosquets dans la plus douce beauté. Ce point de vue est à environ huit mille pieds au-dessus de la mer, ou quatre mille pieds au-dessus du fond de la vallée, et chaque arbre, bien que petit et plumeux, se dresse dans une clarté admirable, et les ombres qu'ils projettent sont aussi distinctes dans leurs contours que s'ils étaient vus. à quelques mètres de distance. Ils le paraissaient encore plus. Aucun mot ne pourra jamais décrire la beauté et le charme exquis de ce parc de montagne, un jardin paysager de la nature à la fois tendrement beau et sublime. Il n'est pas étonnant qu'elle attire les amoureux de la nature du monde entier.

L'action glaciaire, même sur ce haut sommet, est clairement visible. Non seulement toute la belle vallée qui sourit désormais au soleil a été remplie à ras bord de glace, mais elle a été profondément débordée.

J'ai visité notre ancien terrain de camping de Yosemite, à la tête d'Indian Creek, et je l'ai trouvé assez tapoté et lissé par des traces d'ours. Les ours avaient mangé tous les moutons étouffés dans le corral, et quelques-uns des grands animaux devaient être morts, car M. Delaney, avant de quitter le camp, mit une grande quantité de poison dans les carcasses. Tous les bergers transportent de la strychnine pour tuer les coyotes, les ours et les panthères, bien que ni les coyotes ni les panthères ne soient nombreux dans les hautes montagnes. Les petits loups ressemblant à des chiens sont beaucoup plus nombreux dans la région des contreforts et dans les plaines, où ils trouvent une meilleure réserve de nourriture : ils n'ont vu qu'une seule trace de panthère au-dessus de huit mille pieds.

Les Trois Frères, Parc National de Yosemite

A mon retour après le coucher du soleil au camp portugais, je trouvai les bergers très excités par le comportement des ours qui ont appris à aimer le mouton. « Leur situation est de pire en pire », ont-ils déploré. Ne voulant pas attendre décemment la nuit tombée pour dîner, ils viennent tuer et manger à leur faim en plein jour. La veille de mon arrivée, alors que les deux bergers conduisaient tranquillement le troupeau vers le camp, une demi-heure avant le coucher du soleil, un ours affamé sortit du chaparral à quelques mètres d'eux et se dirigea délibérément vers le troupeau. « Joe le Portugais », qui portait toujours un fusil chargé de chevrotine, tirait avec enthousiasme, jeta son fusil, s'enfuit vers l'arbre approprié le plus proche et grimpa à une hauteur sûre sans attendre de voir l'effet de son tir. Son compagnon courut aussi, mais il raconta qu'il avait vu l'ours se dresser sur ses pattes de derrière et jeter ses bras comme s'il cherchait quelqu'un, puis s'enfoncer dans les broussailles comme s'il était blessé.

Dans un autre de leurs camps dans ce quartier, un ours et deux petits ont attaqué le troupeau avant le coucher du soleil, juste au moment où ils s'approchaient du corral. Joe a rapidement grimpé à un arbre pour se mettre hors de danger, tandis qu'Antone, reprochant à son compagnon la lâcheté d'avoir abandonné sa charge, a déclaré qu'il n'allait pas laisser les ours « manger ses moutons » en plein jour, et s'est précipité vers les ours en criant et en plaçant son chien sur eux. Les petits effrayés ont grimpé sur un arbre, mais la mère a couru à la rencontre du berger et semblait impatiente de se battre. Antone resta un moment étonné, regardant l'ours venant en sens inverse, puis se retourna et s'enfuit, poursuivi de près. Incapable d'atteindre un arbre propice à l'escalade, il courut au camp et grimpa jusqu'au toit de la petite cabane ; l'ourse le suivit, mais ne monta pas sur le toit ; elle resta seulement quelques minutes à le regarder fixement, le menaçant et le tenant dans une terreur mortelle, puis elle se dirigea vers ses petits, les fit descendre, se dirigea vers le troupeau, attrapa un des moutons pour le souper et disparurent dans les broussailles. Dès que l'ours quitta la cabane, Antone, tremblant, pria Joe de lui montrer un arbre bien sûr, sur lequel il grimpa comme un marin grimpant sur un mât, et resta aussi longtemps qu'il put s'y tenir, l'arbre étant presque sans branches. Après ces expériences désastreuses, les deux bergers coupaient et rassemblaient de gros tas de bois sec et faisaient chaque nuit un cercle de feu autour du corral, tandis que l'un d'entre eux, armé d'un fusil, surveillait depuis une scène confortable construite sur un pin voisin qui dominait la vue sur le corral. . Ce soir, le spectacle du cercle de feu était très beau, faisant ressortir les arbres environnants dans un relief des plus impressionnants et faisant briller les milliers d'yeux de moutons comme un glorieux lit de diamants.

14 août. Jusqu'au moment où je me suis couché la nuit dernière, tout était calme, même si nous attendions les flibustiers hirsutes à chaque minute. Ils n'arrivèrent que vers minuit, lorsqu'un couple se dirigea hardiment vers le corral entre deux des grands incendies, monta dedans, tua deux moutons et en étouffa dix, tandis que le guetteur effrayé dans l'arbre ne tirait pas un seul coup de feu, disant qu'il Il avait peur de tuer quelques moutons, car les ours entraient dans le corral avant qu'il puisse les voir clairement. J'ai dit aux bergers qu'ils devraient immédiatement déplacer le troupeau vers un autre camp. « Oh, ça ne sert à rien, ça ne sert à rien », déploraient-ils ; « Là où nous allons, les ours vont aussi. Voyez mes pauvres moutons morts, bientôt tous morts. Inutile d'essayer un autre camp. Nous descendons dans les plaines. Et comme je l'appris par la suite, ils furent chassés des montagnes un mois avant l'heure habituelle. Si les ours étaient beaucoup plus nombreux et destructeurs, les moutons seraient complètement tenus à l'écart.

Il semble étrange que les ours, si friands de toutes sortes de chair, courant les risques des fusils, des incendies et du poison, n'attaquent jamais les hommes, sauf pour défendre leurs petits. Avec quelle facilité et en toute sécurité un ours pourrait nous ramasser pendant que nous dormons ! Seuls les loups et les tigres semblent avoir appris à chasser l'homme pour se nourrir, et peut-être les requins et les crocodiles. Les moustiques et autres insectes dévoreraient, je suppose, un homme sans défense dans certaines parties du monde, et il en serait de même parfois des lions, des léopards, des loups, des hyènes et des panthères s'ils étaient pressés par la faim, mais dans des circonstances ordinaires, peut-être, seul le Parmi les animaux terrestres, le tigre peut être considéré comme un mangeur d'hommes, à moins d'y ajouter l'homme lui-même.

Nuages comme d'habitude vers 0,05. Une autre glorieuse journée Sierra, chaude, vive, parfumée et claire. De nombreuses plantes à fleurs ont germé en graines, mais de nombreuses autres déploient leurs pétales chaque jour, et les sapins et les pins sont plus parfumés que jamais. Leurs graines sont presque mûres et voleront bientôt en troupeaux les plus joyeux qui aient jamais déployé une aile.

Sur le chemin du retour vers notre camp de Tuolumne, j'ai apprécié le paysage, si possible, davantage que lorsqu'il est apparu pour la première fois. Chaque élément me semble déjà familier, comme si j'avais toujours vécu ici. Je ne me lasse jamais de contempler la magnifique cathédrale. Il a un caractère plus individuel que n'importe quel autre rocher ou montagne que j'ai jamais vu, à l'exception peut-être du Yosemite South Dome. Les forêts aussi semblent bien familières, ainsi que les lacs, les prairies et les ruisseaux au chant joyeux. J'aimerais vivre avec eux pour toujours. Ici, avec du pain et de l'eau, je devrais me contenter. Même si je n'étais pas autorisé à me promener et à grimper, attaché à un pieu ou à un arbre dans une prairie ou un bosquet, même dans ce cas, je devrais être content pour toujours. Baigné d'une telle beauté, observant les expressions toujours variées sur les faces des montagnes, observant les étoiles, qui ici ont une gloire dont les habitants des plaines ne rêvent jamais, observant les saisons qui tournent, écoutant les chants des eaux, des vents et des oiseaux. , ce serait un plaisir sans fin. Et quels glorieux nuages je verrais, tempêtes et calmes, – un nouveau ciel et une nouvelle terre chaque jour, oui et de nouveaux habitants. Et combien de visiteurs je devrais avoir. Je suis sûr que je ne devrais pas m'ennuyer un seul instant. Et pourquoi cela devrait-il paraître extravagant ? Ce n'est que du bon sens, un signe de santé, une santé authentique, naturelle et éveillée. On assisterait à une pièce divine sans fin, et quels discours, quelle musique, quel jeu d'acteur, quels paysages et quelles lumières ! — soleil, lune, étoiles, aurores. La création ne fait que commencer, les étoiles du matin « chantent toujours ensemble et tous les fils de Dieu crient de joie ».

CHAPITRE IX

CAÑON SANGLANT ET LAC MONO

21 août. Nous venons de rentrer d'une belle excursion sauvage à travers la chaîne jusqu'au lac Mono, en passant par le col Mono ou Bloody Cañon. M. Delaney a été bon avec moi tout l'été, me prêtant une main secourable et compatissante à chaque occasion, comme si mes idées folles, mes divagations et mes études étaient les siennes. Il est l'un de ces hommes californiens remarquables qui ont été débordés, dénudés et remodelés par les excitations des champs aurifères, comme les paysages de la Sierra par le broyage de la glace, mettant en relief les bosses et les crêtes les plus dures du caractère - un homme grand, mince, grand. Un Irlandais musclé et au grand cœur, formé pour devenir prêtre au Maynooth College, — il y a beaucoup de bon en lui, qui brille de temps en temps dans cette lumière de montagne. Reconnaissant mon amour des endroits sauvages, il me dit un soir que je devrais passer par Bloody Cañon, car il était sûr que je le trouverais assez sauvage. Il n'y était pas allé lui-même, dit-il, mais il avait entendu beaucoup de ses amis mineurs parler de ce col comme du plus sauvage de tous les cols de la Sierra. Bien sûr, j'étais content d'y aller. Il se trouve juste à l'est de notre camp et descend du sommet de la chaîne jusqu'au bord du désert du Mono, faisant une descente d'environ quatre mille pieds sur une distance d'environ quatre milles. Il était connu et parcouru comme un passage par les animaux sauvages et les Indiens bien avant sa découverte par les hommes blancs au cours de l'année d'or de 1858, comme le montrent les anciennes pistes qui se rejoignent à sa tête. Le nom peut avoir été suggéré par la couleur rouge des ardoises métamorphiques dans lesquelles le canon abonde, ou par les taches de sang sur les rochers provenant des malheureux animaux qui étaient obligés de glisser et de se traîner sur les rochers aux angles vifs.

Tôt le matin, j'ai attaché mon cahier et du pain à ma ceinture et je suis parti à grands pas plein d'espoir, sentant que j'allais vivre une fête glorieuse. Les prairies glaciaires qui s'étendaient le long de mon chemin servaient à apaiser ma vitesse matinale, car le gazon était plein de gentianes bleues et de marguerites, de kalmia et de vaccinium nain, appelant à être reconnus comme de vieux amis, et j'ai dû m'arrêter plusieurs fois pour examiner les rochers brillants. sur lesquels l'ancien glacier avait passé avec une pression énorme, les polissant si bien qu'ils reflétaient par endroits la lumière du soleil comme du verre, tandis que de fines stries, visibles clairement à travers une lentille, indiquaient la direction dans laquelle la glace avait coulé. Sur certains trottoirs polis en pente, des marches abruptes apparaissent, montrant que parfois de grandes masses de roche avaient cédé sous la pression glaciaire, ainsi que de petites particules ; des moraines aussi, les unes éparses, les autres régulières comme de longs remblais et des barrages incurvés, se présentent çà et là, donnant à la surface générale de la région un aspect jeune et neuf. J'ai observé le nanisme progressif des pins à mesure que je montais, et le nanisme correspondant de presque tout le reste de la végétation. Sur les pentes de Mammoth Mountain, au sud du col, j'ai vu de nombreuses trouées dans les bois s'étendant depuis la lisière supérieure de la limite forestière jusqu'aux prairies plates, où des avalanches de neige étaient descendues, emportant tous les arbres de leur champ. les sentiers ainsi que le sol dans lequel ils poussaient, laissant le substrat rocheux nu. Les arbres sont presque tous déracinés, mais quelques-uns, extrêmement bien ancrés dans les anfractuosités du rocher, ont été brisés près du sol. Il semble étrange à première vue que des arbres qui avaient pu pousser tranquillement pendant un siècle ou plus soient ainsi balayés d'un seul coup dans leur vieillesse. De telles avalanches ne peuvent se produire que dans de rares conditions météorologiques et de chutes de neige. Sans aucun doute, à certains endroits des pentes des montagnes, l'inclinaison et la douceur de la surface sont telles que des avalanches doivent se produire chaque hiver, ou même après chaque forte tempête de neige, et bien sûr aucun arbre ni même buisson ne peut pousser dans leurs canaux. J'ai remarqué quelques pentes propres de ce genre. Les arbres déracinés qui avaient poussé sur le passage de ce qu'on pourrait appeler des « avalanches centenaires » étaient entassés en andains et serrés contre les arbres des parois des trouées, la tête en bas, à l'exception de quelques-uns qui étaient transportés en pleine terre. les prairies, où s'étaient arrêtées les têtes des avalanches. Dans ces trouées dégagées, de jeunes pins, pour la plupart à deux feuilles et à écorce blanche, poussent déjà. Il serait intéressant de connaître l'âge de ces jeunes arbres, car nous pourrions ainsi avoir une bonne approximation de l'année où les grandes avalanches se sont produites. Peut-être que la plupart ou la totalité d'entre eux se sont produits le même hiver. Comme je serais heureux d'être libre de poursuivre de telles études !

Près du sommet, à l'entrée du col, j'ai trouvé une espèce de saule nain parfaitement plat sur le sol, formant un joli tapis gris, doux et soyeux, sans une seule tige ou branche de plus de trois pouces de haut ; mais les chatons, qui sont maintenant presque mûrs, se dressent et forment une croissance grise serrée et presque régulière, étant plus grandes que toutes les autres plantes. Certains de ces nains intéressants n'ont qu'un seul chaton : des buissons de saules réduits à leur plus bas niveau. J'ai trouvé des parcelles de vaccinium nain formant également des tapis lisses, étroitement pressés contre le sol ou contre les côtés des pierres, et couverts de fleurs rondes roses en abondance comme si elles étaient tombées du ciel comme de la grêle. Un peu plus haut, presque tout à l'entrée du col, j'ai trouvé la marguerite arctique bleue et le bryanthus à fleurs violettes, les chéris de la montagne, de doux montagnards face à face avec le ciel, gardés en sécurité et au chaud par mille miracles, semblant toujours plus leurs demeures sont belles et pures, plus elles sont sauvages et orageuses. Les arbres, coriaces et résineux, semblent incapables d'aller plus loin ; mais de plus en plus haut, bien au-dessus de la limite des arbres, ces plantes tendres grimpent, étendant joyeusement leurs tapis gris et roses jusqu'aux bords des bancs de neige dans des creux et des ombres profondes. Ici aussi, le rouge-gorge familier trébuche sur les pelouses fleuries, chantant courageusement la même chanson joyeuse que j'ai entendue pour la première fois lorsqu'un garçon du Wisconsin nouvellement arrivé de la vieille Écosse. Dans cette belle compagnie flânant enchanté, sans se soucier du temps, j'entrai enfin par la porte du col, et les énormes rochers commencèrent à se refermer autour de moi dans toute leur mystérieuse impression. À ce moment-là, j'ai été surpris par un grand nombre de créatures étranges, poilues et étouffées, qui arrivaient en traînant les pieds, en se vautrant vers moi comme si elles n'avaient pas d'os dans leur corps. Si je les avais découverts alors qu'ils étaient encore loin, j'aurais essayé de les éviter. Quel tableau ils faisaient contrastant avec les autres que je venais d'admirer. Quand je suis arrivé vers eux, j'ai découvert qu'ils n'étaient qu'une bande d'Indiens de Mono en route vers Yosemite pour un chargement de glands. Ils étaient enveloppés dans des couvertures faites de peaux de lapins sauges. La saleté sur certaines faces semblait presque assez ancienne et assez épaisse pour avoir une signification géologique ; certaines étaient étrangement floues et divisées en sections par des coutures et des rides qui ressemblaient à des joints de clivage, et avaient un aspect usé et abrasé, comme si elles étaient restées exposées aux intempéries pendant des siècles. J'ai essayé de les dépasser sans m'arrêter, mais ils ne m'ont pas laissé faire ; formant un cercle lugubre autour de moi, j'étais étroitement assiégé pendant qu'ils mendiaient du whisky ou du tabac, et il était difficile de les convaincre que je n'en avais pas. Comme j'étais heureux de m'éloigner de la foule grise et sinistre et de les voir disparaître sur le sentier ! Pourtant, il semble triste de ressentir une répulsion aussi désespérée de la part de ses semblables, aussi dégradés soient-ils. Préférer la société des écureuils et des marmottes à celle de notre propre espèce doit sûrement être contre nature. Donc, avec une brise fraîche et une colline ou une montagne entre nous, je dois leur souhaiter bonne chance et essayer de prier et de chanter avec Burns, "Ça arrive encore, pour ça, cet homme à homme, la guerre, les frères seront." pour un ça.

Comment s'est passée la journée, je le sais à peine. D'après la carte, je n'ai parcouru qu'environ dix ou douze milles, bien que le soleil soit déjà bas à l'ouest, ce qui montre combien de temps j'ai dû m'attarder, observant, dessinant, prenant des notes parmi les rochers glaciaires, les moraines et les parterres de fleurs alpins.

Au coucher du soleil, les rochers et les sommets sombres étaient inspirés par la beauté ineffable de la lueur des Alpes, et un calme solennel et terrible faisait taire tout dans le paysage. Ensuite, je me suis glissé dans un creux au bord d'un petit lac près de la tête du canon, j'ai lissé un endroit abrité et j'ai rassemblé quelques glands de pin pour en faire un lit. Après que le court crépuscule ait commencé à s'estomper, j'ai allumé un feu ensoleillé, j'ai préparé une tasse de thé en fer blanc et je me suis allongé pour observer les étoiles. Bientôt, le vent nocturne commença à souffler des sommets enneigés au-dessus, d'abord seulement une respiration douce, puis gagnant en force, en moins d'une heure, il gronda avec un volume massif, quelque chose comme un ruisseau bruyant dans un canal obstrué par des rochers, rugissant et gémissant. le canon comme si le travail qu'il devait accomplir était extrêmement important et fatidique ; et à ces tons orageux se mêlaient ceux des cascades du côté nord du canon, tantôt résonnant distinctement, tantôt étouffés par les cataractes de l'air plus lourdes, formant un psaume glorieux de sauvagerie sauvage. Mon feu se tortillait et se débattait comme s'il était mal à l'aise, car, bien que dans un coin abrité, des masses détachées de vent glacial tombaient souvent dessus comme des icebergs, dispersant des étincelles et des charbons, de sorte que je devais me tenir loin pour éviter d'être brûlé. Mais les grosses racines résineuses et les nœuds du pin nain ne pouvaient ni être battus ni emportés par le vent, et les flammes, tantôt s'élançant en longues lances, tantôt aplaties et tordues sur le sol rocheux, rugissaient comme pour essayer de raconter les histoires de tempête de les arbres auxquels ils appartenaient, car la lumière diffusée racontait l'histoire du soleil qu'ils avaient recueilli au cours des siècles d'été.

Les étoiles brillaient clairement dans la bande de ciel située entre les immenses falaises sombres ; et tandis que j'étais allongé en me rappelant les leçons de la journée, soudain la pleine lune a regardé le mur du canon, son visage apparemment rempli d'une vive inquiétude, ce qui a eu un effet surprenant, comme si elle avait quitté sa place dans le ciel et était descendue. me regarder seul, comme quelqu'un qui entre dans sa chambre. Il était difficile de réaliser qu'elle était à sa place dans le ciel et qu'elle regardait au loin la moitié du globe, terre et mer, montagnes, plaines, lacs, rivières, océans, navires, villes avec leurs myriades d'habitants endormis et éveillés, malade et bien. Non, elle semblait être juste au bord du Bloody Cañon et ne me regardait que. C'était effectivement se rapprocher de la Nature. Je me souviens avoir observé la lune des récoltes se lever au-dessus des chênes du Wisconsin, apparemment aussi grosse qu'une roue de charrette et à moins d'un demi-mile de distance. A ces exceptions près, je pourrais dire que je n'avais jamais vu la lune, et cette nuit elle me paraissait si pleine de vie et si proche, l'effet était merveilleusement impressionnant et me faisait oublier les Indiens, les gros rochers noirs au-dessus de moi et le tumulte sauvage. des vents et des eaux qui descendent l'immense gorge déchiquetée. Bien sûr, je dormais peu et j'accueillais avec joie l'aube sur le désert du Mono. Au moment où j'eus préparé une tasse de thé, les rayons du soleil traversaient le canon et je partis, regardant avec impatience les énormes murs d'ardoises rouges sauvagement taillés et cicatrisés et apparemment prêts à tomber en avalanches assez grandes pour étouffer le col et remplissez la chaîne de laclets. Mais bientôt ses beautés sont apparues, et j'ai bondi légèrement de rocher en rocher, admirant les bosses polies qui brillaient sous le soleil oblique avec un effet glorieux dans la rugosité générale des moraines et des éboulis d'avalanche, même vers la tête du canon près des plus hautes fontaines. de la glace. Ici aussi, la plupart des humbles habitants des plantes vus hier de l'autre côté de la frontière ouvrent désormais leurs beaux yeux. Personne ne pouvait manquer de se glorifier des tendres soins que la nature leur prodiguait dans un endroit aussi sauvage. Le petit ouzel vole de rocher en rocher le long du ruisseau tourbillonnant rapide de Cañon, plonge pour le petit-déjeuner dans des piscines glacées et chante joyeusement comme si l'immense gorge accidentée balayée par les avalanches était la plus charmante de toutes ses maisons de montagne. Outre une haute chute sur le mur nord du canon, venant apparemment directement du ciel, il y a de nombreuses cascades étroites, des rubans argentés brillants qui zigzaguent le long des falaises rouges, traçant les joints de clivage diagonal des ardoises métamorphiques, maintenant contractées et hors de vue. , sautant maintenant de rebord en rebord dans des nappes vaporeuses à travers lesquelles passent les rayons du soleil. Et sur le ruisseau principal du Cañon, dont tous ces éléments sont affluents, se trouve une série de petites chutes, cascades et rapides s'étendant jusqu'au pied du canon, interrompus seulement par les lacs dans lesquels reposent les eaux agitées et battues. . L'une des plus belles cascades s'étend sur la face d'un précipice, ses eaux sont séparées en bandes semblables à des rubans et tissées en un motif en forme de losange en traçant les joints de clivage de la roche, tandis que des touffes de bryanthus, d'herbe, de carex , les saxifrages forment de belles franges. Qui pourrait imaginer une beauté si belle dans un lieu si sauvage ? Les jardins fleurissent dans toutes sortes de coins et de creux, — en tête ériogones alpins, érigerons, saxifrages, gentianes, cowania, primevères de brousse ; dans la région médiane pied d'alouette, ancolie, orthocarpe, castilleia, campanule, épilobium, violettes, menthes, achillée millefeuille; près du pied tournesols, lys, rosier, iris, lonicera, clématite.

L'une des plus petites cascades, que j'appelle la Cascade Bower, se trouve dans la région inférieure du col, où la végétation est enneigée et luxuriante. L'églantier et le cornouiller forment des masses denses surplombant le ruisseau, et hors de ce berceau, le ruisseau, devenu fort avec de nombreux affluents, jaillit dans la lumière et descend dans une courbe cannelée épaisse semée d'embruns croustillants et clignotants. Au pied du canyon se trouve un lac formé en partie au moins par le barrage du ruisseau par une moraine terminale. Les trois autres lacs du canyon se trouvent dans des bassins érodés à partir de la roche solide, là où la pression du glacier était la plus grande, et les parties les plus résistantes des bords du bassin sont magnifiquement polies. Au-dessous du lac Moraine, au pied du canon, se trouvent plusieurs anciens bassins lacustres situés entre les grandes moraines latérales qui s'étendent dans le désert. Ces bassins sont maintenant complètement remplis par les matériaux transportés par les ruisseaux et transformés en plaines sablonneuses sèches couvertes principalement d'herbes, d'armoises et de fleurs aimant le soleil. Tous ces bassins lacustres inférieurs étaient évidemment formés par des barrages morainiques terminaux déposés là où le glacier en retrait s'était attardé pendant de courtes périodes de moins de déchets, ou de plus grandes chutes de neige, ou les deux.

En regardant le canyon depuis le bord chaud et ensoleillé de la plaine du Mono, ma promenade matinale semble un rêve, tant le changement de végétation et de climat est grand. Les lys sur les rives du lac Moraine sont plus hauts que ma tête et le soleil est assez chaud pour les palmiers. Pourtant, la neige autour des jardins arctiques au sommet du col est clairement visible, à seulement quatre milles environ de distance, et entre des zones de spécimens de tous les principaux climats du globe. En un peu plus d'une heure, on peut passer de l'hiver à l'été, d'une région arctique à une région torride, à travers des changements climatiques aussi importants que ceux que l'on rencontrerait en voyageant du Labrador à la Floride.

Les Indiens que j'avais rencontrés près de la tête du canon avaient campé au pied de celui-ci la nuit précédant leur ascension, et j'ai trouvé leur feu encore fumant au bord d'un petit ruisseau affluent près du lac Moraine ; et au bord de ce qu'on appelle le désert du Mono, à quatre ou cinq milles du lac, j'arrivai à un champ d'élyme, ou seigle sauvage, poussant en magnifiques touffes ondulantes de six ou huit pieds de haut, portant des têtes de six à huit pouces de long. . La récolte était mûre et les femmes indiennes rassemblaient le grain dans des paniers en se penchant par grandes poignées, en battant les graines et en les attisant au vent. Les grains mesurent environ cinq huitièmes de pouce de long, sont de couleur foncée et sucrés. J'imagine que le pain qui en est fait doit être aussi bon que le pain de blé. Cette cueillette sauvage de céréales semble être un bel emploi d'écureuil, et les femmes l'appréciaient évidemment, riant et bavardant et paraissant presque naturelles, bien que la plupart des Indiens que j'ai vus ne soient pas du tout plus naturels dans leur vie que nous, les Blancs civilisés. Peut-être que si je les connaissais mieux, je les aimerais mieux. Le pire chez eux, c'est leur malpropreté. Rien de vraiment sauvage n'est impur. Sur les rives du lac Mono, j'ai vu un certain nombre de leurs cabanes fragiles au bord des ruisseaux qui se jettent rapidement dans cette mer morte, de simples tentes de broussailles où ils se couchent et mangent à leur aise. Certains hommes se régalaient de baies de buffle, couchées sous les grands buissons maintenant rouges de fruits. Les baies sont plutôt fades, mais elles doivent nécessairement être saines, puisque pendant des jours et des semaines, les Indiens, dit-on, ne mangent rien d'autre. En saison, ils dépendent également principalement des grosses larves d'une mouche qui se reproduit dans l'eau salée du lac, ou des grosses et grasses chenilles ondulées d'une espèce de ver à soie qui se nourrit des feuilles du pin jaune. Parfois, une grande collecte de lapins est organisée et des centaines de personnes sont tuées à coups de gourdins sur les rives du lac, poursuivies et effrayées dans une foule dense par des chiens, des garçons, des filles, des hommes et des femmes, et des cercles de feux de brousse de sauge, quand bien sûr ils sont rapidement tué. Les peaux sont transformées en couvertures. En automne, les chasseurs les plus entreprenants ramènent des cerfs en grand nombre et rarement un mouton sauvage des hauts sommets. Les antilopes étaient autrefois abondantes dans le désert, au pied des chaînes de montagnes intérieures. Les poules de sauge, les tétras et les écureuils aident à varier leur régime alimentaire sauvage de vers ; les pignons de pin proviennent également du petit intéressant *Pinus monophylla* , et le bon pain et la bonne bouillie sont fabriqués à partir de glands et de seigle sauvage. Curieusement, ce sont les larves du lac qui semblent préférer ces espèces. De longs andains sont rejetés sur le rivage, qu'ils rassemblent et sèchent comme du grain pour l'hiver. On dit que les guerres, dues aux empiètements sur les terres des vers des autres, sont monnaie courante entre les différentes tribus et familles. Chacun revendique une certaine partie marquée du rivage. Les pignons de pin sont délicieux : de grandes quantités sont récoltées chaque automne. Les tribus du flanc ouest de la chaîne échangent des glands contre des vers et des pignons de pin. Les squaws portent d'immenses charges sur leur dos à travers les cols accidentés et le long de la chaîne, faisant des voyages d'environ quarante ou cinquante milles dans chaque sens.

Le désert autour du lac est étonnamment fleuri. En de nombreux endroits parmi les buissons de sauge, j'ai vu des mentzelia, des abronia, des aster, des bigelovia et des gilia, qui semblaient toutes profiter du chaud soleil. L'abronia, en particulier, est une plante délicate, parfumée et des plus charmantes.

LAC MONO ET CÔNES VOLCANIQUES, VUE AU SUD

CÔNES MONO VOLCANIQUES LES PLUS HAUTS (VUE PROCHE)

En face de l'embouchure du canyon, une chaîne de cônes volcaniques s'étend vers le sud à partir du lac, s'élevant brusquement du désert comme une chaîne de montagnes. Le plus grand des cônes mesure environ vingt mille cinq cents pieds de haut au-dessus du niveau du lac, possède des cratères bien formés et tous sont évidemment des ajouts relativement récents au paysage. A quelques kilomètres de distance, ils ressemblent à des tas de cendres en vrac qui n'ont jamais été altérées ni par la pluie ni par la neige, mais, pendant un instant, des pins jaunes gravissent leurs pentes grises, essayant de les vêtir et de leur donner la beauté pour les cendres. Un pays aux merveilleux contrastes. Des déserts chauds délimités par des montagnes chargées de neige, des cendres et des cendres éparpillées sur des trottoirs polis par les glaciers, le gel et le feu travaillant ensemble à la création de la beauté. Dans le lac se trouvent plusieurs îles volcaniques, qui montrent que les eaux étaient autrefois mêlées de feu.

Heureux de revenir sur le versant vert des montagnes, même si j'ai beaucoup apprécié le côté gris est et j'espère en voir davantage. En lisant ces grands manuscrits montagnards exposés à travers toutes les vicissitudes de la chaleur et du froid, du calme et de la tempête, du soulèvement des volcans et de la destruction des glaciers, nous voyons que tout ce qui dans la nature est appelé destruction doit être une création – un changement de beauté en beauté.

Notre camp de prairie glaciaire au nord de Soda Springs semble chaque jour plus beau. L'herbe couvre tout le sol, bien que les feuilles soient d'une finesse filiforme, et en marchant sur le gazon, elle ressemble à un tapis pelucheux d'une richesse et d'une douceur merveilleuses, et les panicules violettes effleurant vos pieds ne se font pas sentir. Il s'agit d'une prairie glaciaire typique, occupant le bassin d'un lac disparu, délimitée très nettement par des murs de pins à deux feuilles fléchés disposés en un bel ordre ordonné comme des soldats à la parade. Il y a par ici bien d'autres prairies du même genre, enfoncées dans les bois. Les principales grandes prairies le long de la rivière sont les mêmes en général et s'étendent avec peu d'interruptions sur dix ou douze milles, mais aucune que j'ai vue n'est aussi finement finie et parfaite que celle-ci. Il est plus riche en plantes à fleurs que ne l'étaient les prairies du Wisconsin et de l'Illinois dans toute leur splendeur sauvage. Les fleurs voyantes sont principalement constituées de trois espèces de gentiane, un orthocarpus violet et jaune, une verge d'or ou deux, un petit pentstemon bleu presque comme une gentiane, une potentille, une ivesia, un pediculaire, une violette blanche, un kalmia et un bryanthus. Il n'y a pas de plantes adventices grossières. A travers cette pelouse fleurie coule un ruisseau qui glisse silencieusement, tourbillonne, glisse comme s'il se gardait de faire le moindre bruit. Il n'a qu'environ trois pieds de large dans la plupart des endroits, s'élargissant ici et là en mares de six ou huit pieds de diamètre sans courant apparent, les berges sont arrondies autoritairement par le gazon moussu incurvé vers le bas, les panicules d'herbe penchées comme des pins miniatures, et des tapis de bryanthus s'étendant ici et là sur des rochers engloutis. Au pied de la prairie, le ruisseau, riche du jus des plantes qu'il a rafraîchies, chante joyeusement sur les corniches rocheuses en se dirigeant vers la rivière Tuolumne. Le sublime et massif mont Dana et ses compagnons, verts, rouges et blancs, se dressent de manière impressionnante au-dessus des pins le long de l'horizon oriental ; une chaîne ou un éperon de rochers et de montagnes de granit gris et accidentés au nord ; le mont Hoffman, curieusement couronné et crénelé, à l'ouest ; et la chaîne de la Cathédrale au sud avec son grand Cathedral Peak, ses Cathedral Spires, son Unicorn Peak et plusieurs autres, gris et pointus ou massivement arrondis.

CHAPITRE X

LE CAMPEMENT DE TOUOLUMNE

22 août. Nuages nuls, vent frais d'ouest, légère gelée blanche sur les prairies. Carlo a disparu ; je l'ai cherché toute la journée. Dans les bois épais entre le camp et la rivière, parmi les herbes hautes et les pins tombés, j'ai découvert un bébé faon. Au début, il semblait enclin à venir vers moi ; mais quand j'ai essayé de l'attraper et que je suis arrivé à une canne ou deux, il s'est retourné et s'est éloigné doucement, choisissant ses pas comme un chat de chasse prudent et furtif. Puis, comme soudainement appelé ou alarmé, il se mit à se précipiter et à courir comme un cerf adulte, sautant haut au-dessus des troncs tombés, et fut bientôt hors de vue. Il est possible que sa mère l'ait appelé, mais je ne l'ai pas entendu. Je ne pense pas que les faons quittent jamais les fourrés de la maison ou suivent leur mère jusqu'à ce qu'ils soient appelés ou effrayés. Je suis désolé pour Carlo. Il y a plusieurs autres camps et chiens à quelques kilomètres d'ici, et j'espère toujours le retrouver. Il ne m'a jamais quitté auparavant. Les panthères sont très rares ici, et je pense qu'aucun de ces chats n'oserait le toucher. Il connaît trop bien les ours pour se laisser attraper par eux, et quant aux Indiens, ils n'en veulent pas.

23 août. Journée fraîche et lumineuse, évoquant l'été indien. M. Delaney est allé au Smith Ranch, sur la Tuolumne en contrebas de la vallée Hetch-Hetchy, à trente-cinq ou quarante milles d'ici, donc je serai seul pendant une semaine ou plus, - pas vraiment seul, car Carlo est revenu. . Il se trouvait dans un camp situé à quelques kilomètres au nord-ouest. Il avait l'air penaud et honteux lorsque je lui ai demandé où il était et pourquoi il était parti sans permission. Il essaie maintenant de me faire caresser et de montrer des signes de pardon. Un merveilleux chien sage. Une lourde charge m'échappe. Je n'aurais pas pu quitter les montagnes sans lui. Il a l'air très heureux de revenir vers moi.

Le coucher du soleil s'est levé et pourpre, et peu de temps après l'apparition des étoiles, la lune s'est levée dans une majesté impressionnante au-dessus du sommet du mont Dana. J'ai déambulé dans la prairie dans la lumière blanche. Les ombres des arbres d'un noir de jais étaient si merveilleusement distinctes et si substantielles que je montais souvent haut en les traversant, les prenant pour des bûches noires carbonisées.

24 août. Une autre journée charmante, chaude et calme peu après le lever du soleil, avec des nuages seulement d'environ 0,01, — de faibles volutes de cirrus soyeux, à peine visibles. Légère gelée, été indien, les montagnes devenant plus douces dans leurs contours et semblant rêveuses, leurs angles rugueux fondus, apparemment. Ciel le soir avec un violet fin, sombre et tamisé, presque comme le violet du soir des plaines de San Joaquin par temps calme. La lune regarde désormais le sommet du Dana. Un air glorieux et exaltant. Je me demande s'il existe dans le monde une autre chaîne de montagnes d'égale hauteur, dotée d'un temps si beau, si ouvertement gentil, hospitalier et accessible.

25 août. Frais comme d'habitude le matin, passant rapidement à la chaleur et à la luminosité sereines et généreuses ordinaires. Vers le soir, le vent d'ouest était frais et nous envoya vers le feu de camp. Parmi toutes les salles de montagne fleuries et fleuries de la nature, aucune n'est plus belle que cette prairie glaciaire. Les abeilles et les papillons semblent toujours aussi abondants. Les oiseaux sont toujours là, ne montrant aucun signe de départ pour leurs quartiers d'hiver même si le gel doit les rappeler. Pour ma part, j'aimerais rester ici tout l'hiver ou toute ma vie ou même toute l'éternité.

26 août. Gelé ce matin ; toutes les herbes des prés et quelques aiguilles de pin scintillantes de cristaux irisés, fleurs de lumière. De gros nuages pittoresques, escarpés comme des rochers, s'entassent sur le mont Dana, rougeâtre comme la montagne elle-même ; le ciel, à quelques degrés autour de l'horizon, est pourpre pâle, dans lequel les pins plongent leurs flèches avec un bel effet. J'ai passé la journée comme d'habitude à regarder autour de moi, à observer les lumières changeantes, les couleurs automnales mûrissantes de l'herbe, les graines, les gentianes à floraison tardive, les asters, les verges d'or ; séparer les herbes des prés ici et là et contempler le monde souterrain des mousses et des hépatiques ; regarder les fourmis, les coléoptères et autres petites personnes au travail et jouer comme des écureuils et des ours dans une forêt ; étudier la formation des lacs et des prairies, des moraines, de la sculpture des montagnes ; faire de petits débuts dans ces directions, charmé par la beauté sereine de tout.

La journée a été très nuageuse, bien que lumineuse dans l'ensemble, car les nuages étaient plus brillants que d'habitude. Nuages d'environ 0,15, qui en Suisse seraient considérés comme très clairs. Il y a probablement plus de soleil gratuit sur cette chaîne majestueuse que sur n'importe quelle autre chaîne au monde que j'ai jamais vue ou dont j'ai entendu parler. Elle a le climat le plus brillant, les roches polies par les glaciers les plus brillantes, la plus grande abondance de jets irisés provenant de ses glorieuses cascades, les forêts de sapins argentés et de pins argentés les plus brillantes, plus d'étoiles, de clair de lune et peut-être plus d'éclat de cristal que n'importe quelle autre montagne. chaîne, et ses innombrables lacs miroirs, dans lesquels plus de lumière est versée, brillent et brillent le plus. Et comme l'éclat est glorieux après les courtes averses d'été et après les nuits glaciales lorsque les rayons du soleil du matin se déversent à travers les cristaux sur l'herbe et les aiguilles de pin, et comme la lueur du matin sur les sommets des montagnes et la lueur des alpes du soir sont ineffablement spirituellement fines. . Eh bien, la Sierra peut être nommée, non pas Snowy Range, mais Range of Light.

27 août. Nuages seulement 0,05, — principalement des cumulus blancs et roses au-dessus de l'éperon Hoffman vers le soir, — matin glacial. Les cristaux poussent dans une beauté et une forme merveilleuses pendant ces nuits calmes, chacun étant construit avec autant de soin que le plus grand temple le plus sacré, comme s'il était prévu pour durer éternellement.

En contemplant le tissu en dentelle des ruisseaux qui s'étendent sur les montagnes, nous nous souvenons que tout coule, allant quelque part, les animaux et les roches dites sans vie ainsi que l'eau. Ainsi, la neige coule vite ou lentement en glaciers et avalanches d'une grande beauté ; l'air en flots majestueux transportant des minéraux, des feuilles de plantes, des graines, des spores, avec des flots de musique et de parfums ; cours d'eau transportant des roches à la fois en solution et sous forme de particules de boue, de sable, de cailloux et de rochers. Les roches coulent des volcans comme l'eau des sources, et les animaux se rassemblent et coulent dans des courants modifiés par le pas, le saut, le glissement, le vol, la nage, etc. Tandis que les étoiles coulent à travers l'espace, pulsées indéfiniment comme des globules sanguins dans le cœur chaud de la nature. .

28 août. L'aube, un chant glorieux de couleurs. Ciel absolument sans nuages. Une belle gelée blanche pour les récoltes. Chaud après dix heures. Les gentianes ne craignent pas les premières gelées même si leurs pétales semblent si délicats ; ils se ferment chaque nuit comme s'ils allaient dormir et se réveillent comme toujours frais au soleil du matin. L'herbe est un peu plus brune depuis la semaine dernière, mais d'après ce que j'ai vu, il n'y a aucune plante fanée d'aucune sorte. Les papillons et une multitude de petites mouches sont engourdis chaque nuit, mais ils planent et dansent sous les rayons du soleil au-dessus des prairies avant midi sans manquer apparemment de vie enjouée et joyeuse. Bientôt, ils doivent tous tomber comme des pétales dans un verger, secs et ridés, sans qu'une seule aile de toute cette puissante armée ne reste pour picoter l'air. Néanmoins de nouvelles myriades surgiront au printemps, se réjouissant, exultant, comme si elles se moquaient froidement de la mort.

29 août. Nuages d'environ 0,05, légère gelée. Temps d'été indien doux et serein. J'ai regardé toute la journée les montagnes, observant les lumières changeantes. De plus en plus clairement, ils sont vêtus de lumière comme un vêtement, blanc teinté de pourpre pâle, plus pâle à midi, plus riche le matin et le soir. Tout semble consciemment paisible, réfléchi, attendant fidèlement la volonté de Dieu.

30 août. Ce jour comme hier. Quelques nuages immobiles et apparemment sans autre travail à faire que d'être beaux. Assez de givre pour fabriquer des cristaux, de glorieux champs de diamants de glace destinés à ne durer qu'une nuit. Comme la nature est somptueuse en matière de construction, d'abattage, de création, de destruction, de poursuite de chaque particule matérielle d'une forme à l'autre, toujours changeante, toujours belle.

M. Delaney est arrivé ce matin. Je n'ai ressenti aucune trace de solitude pendant son absence. Au contraire, je n'ai jamais apprécié une plus grande compagnie. L'ensemble de la nature sauvage semble vivant et familier, plein d'humanité. Les pierres elles-mêmes semblent bavardes, sympathiques, fraternellement. Ce n'est pas étonnant si l'on considère que nous avons tous le même père et la même mère.

31 août. Nuages .05. Des cirrus soyeux et des franges si fines qu'elles échappent presque à l'attention. Assez de gel pour une autre récolte de cristaux dans les prairies mais pas dans les forêts. Les gentianes, verges d'or, asters, etc., ne semblent pas le sentir ; ni les pétales ni les feuilles ne sont touchés bien qu'ils semblent si tendres. Chaque jour s'ouvre et se ferme comme une fleur, sans bruit, sans effort. La paix divine rayonne sur tout le paysage majestueux comme la joie silencieuse et enthousiaste qui transfigure parfois un noble visage humain.

1er septembre. Nuages 0,05 — immobiles, sans couleur particulière — ornements sans aucune trace de pluie ou de neige. Journée toute calme – un autre grand battement du cœur de la Nature, mûrissant des fleurs et des graines tardives pour l'été prochain, pleines de vie et de pensées et de projets de vie à venir, et pleines de mort mûre et prête, belle comme la vie, racontant la sagesse et la bonté divines et immortalité. J'ai gravi le mont Dana, me dépêchant d'en voir le plus possible, maintenant que l'heure du départ approche. Les vues depuis le sommet s'étendent au loin, vers l'est, sur le lac Mono et le désert ; des montagnes au-delà des montagnes semblaient étrangement arides, grises et nues comme des tas de cendres déversées du ciel. Le lac, d'un diamètre de huit ou dix milles, brille comme un disque d'argent bruni, sans arbres autour de ses rives grises, cendrées et cendrées. En regardant vers l'ouest, on voit les magnifiques forêts balayer d'innombrables crêtes et collines, encercler les dômes et les montagnes subordonnées, bordant en longues lignes courbes les crêtes de séparation et remplissant chaque creux où les glaciers ont étendu des lits de sol, aussi rocheux ou lisses. En regardant vers le nord et le sud le long de l'axe de la chaîne, vous voyez le magnifique ensemble de hautes montagnes, de rochers, de pics et de neige, les sources des rivières qui coulent à l'ouest vers la mer à travers le célèbre Golden Gate, et à l'est jusqu'au sel chaud. les lacs et les déserts s'évaporent et retournent en toute hâte dans le ciel. D'innombrables lacs brillent comme des yeux sous de lourds fronts de roche, dénudés ou bordés d'arbres, ou noyés dans des forêts noires. Les ouvertures de prairies dans les bois semblent aussi nombreuses, voire plus, que les lacs. Tout en haut des pentes couvertes de moraines et parmi les rochers en ruine, j'ai trouvé de nombreuses plantes rustiques et délicates, certaines encore en fleurs. Les meilleurs acquis de ce voyage ont été les leçons d'unité et d'interrelation de toutes les caractéristiques du paysage révélées dans les vues générales. Les lacs et les prairies sont situés là où les anciens glaciers produisaient le plus de poids, au pied des parties les plus abruptes de leurs canaux, et bien sûr leurs diamètres les plus longs sont à peu près parallèles les uns aux autres et aux ceintures de forêts s'étendant en longues lignes courbes sur les côtés latéraux. et moraines médiales, ainsi que dans de vastes champs étendus sur les lits terminaux déposés vers la fin de la période glaciaire, lorsque les glaciers reculaient. Les dômes, les crêtes et les éperons montrent également l'influence de l'action glaciaire dans leurs formes, qui semblent à peu près être les formes les plus résistantes en référence à la contrainte des courants de glace débordants, balayant le passé et broyant vers le bas ; survivances des masses les plus résistantes ou les plus favorisées. Comme tout est intéressant ! Chaque rocher, montagne, ruisseau, plante, lac, pelouse, forêt, jardin, oiseau, bête, insecte semble nous appeler et nous inviter à venir apprendre quelque chose de son histoire et de ses relations. Mais le pauvre érudit ignorant sera-t-il autorisé à essayer les leçons qu'ils proposent ? Cela semble trop beau et trop beau pour être vrai. Bientôt, j'irai dans les basses terres. Le camp du pain doit bientôt être supprimé. Si j'avais quelques sacs de farine, une hache et quelques allumettes, je construirais une cabane en rondins de pin, j'y accumulerais beaucoup de bois de chauffage et je resterais tout l'hiver pour voir les grandes tempêtes de neige fertiles, observer les oiseaux et les animaux. cet hiver si haut, comment ils vivent, à quoi ressemblent les forêts chargées de neige ou enfouies, et à quoi ressemblent et retentissent les avalanches qui descendent les montagnes. Mais maintenant je dois y aller, car il n'y a rien à revendre en termes de provisions. Je reviendrai sûrement, cependant, je reviendrai sûrement. Aucun autre endroit ne m'a jamais autant attiré que ce désert hospitalier et pieux.

L'UNE DES FONTAINES LES PLUS HAUTES DU MONT RITTER

---

2 septembre. Un grand jour rouge, rose et cramoisi, une gloire parfaite d'un jour. Ce que cela signifie, je ne sais pas. C'est le premier changement marqué d'un soleil tranquille avec des matinées et des soirées violettes et des midis toujours blancs. Pourtant, rien ne vaut une tempête. La nébulosité moyenne n'est que d'environ 0,08, et il n'y a aucun soupir dans les bois qui laisse présager un grand changement de temps. Le ciel était rouge le matin et le soir, la couleur n'était pas diffuse comme la lueur violette ordinaire, mais chargée en nuages séparés bien définis qui restaient immobiles, comme ancrés autour de l'horizon déchiqueté clôturé par les montagnes. Une calotte rouge foncé, escarpée sur ses côtés, s'attarda longtemps sur le mont Dana et le mont Gibbs, tombant si bas qu'elle cachait la plupart de leurs bases, mais laissant libre le sommet rond de Dana, qui semblait flotter séparé et seul au-dessus du grand. nuage cramoisi. Mammoth Mountain, au sud de Gibbs et Bloody Cañon, rayé et tacheté de bancs de neige et de touffes de pins nains, était également doté d'un glorieux bonnet cramoisi, dans la fabrication duquel il n'y avait aucune trace d'économie - un énorme tas autoritaire. coloré d'une passion parfaite de pourpre qui semblait suffisamment importante pour être envoyé brûler parmi les étoiles dans une indépendance majestueuse. On nous rappelle constamment la prodigalité et la fertilité infinies de la nature – une abondance inépuisable au milieu de ce qui semble un énorme gaspillage. Et pourtant, lorsque nous examinons chacune de ses opérations qui sont à la portée de notre esprit, nous apprenons qu'aucune particule de son matériau n'est gaspillée ou usée. Elle coule éternellement d'usage en usage, de beauté en beauté encore plus élevée ; et nous cessons bientôt de déplorer le gaspillage et la mort, et plutôt nous réjouissons et exultons dans la richesse impérissable et inutilisable de l'univers, et observons et attendons fidèlement la réapparition de tout ce qui fond, s'efface et meurt autour de nous, sûrs que sa prochaine apparition le sera. être meilleur et plus beau que le précédent.

J'ai observé la croissance de ces terres rouges du ciel avec autant d'attention que si de nouvelles chaînes de montagnes étaient en train de se construire. Bientôt, le groupe de sommets enneigés dans les recoins desquels se trouvent les plus hautes fontaines de Tuolumne, Merced et North Fork de San Joaquín fut décoré de majestueux nuages colorés comme ceux déjà décrits, mais plus compliqués, pour correspondre aux grandes fontaines de San Joaquin. les rivières qu'ils ont éclipsées. La cathédrale de Sierra, au sud du camp, était éclipsée comme le Sinaï. Jamais auparavant j'avais remarqué une union aussi fine de roche et de nuage dans la forme, la couleur et la substance, réunissant la terre et le ciel pour ne faire qu'un ; et c'est tellement humain, chaque trait et chaque teinte de couleur va au cœur, et nous crions, exultant dans un enthousiasme sauvage, comme si tout le spectacle divin était le nôtre. De plus en plus, dans un endroit comme celui-ci, nous nous sentons partie intégrante de la nature sauvage, proche de tout. J'ai passé la majeure partie de la journée en hauteur sur le bord nord de la vallée, offrant une vue imprenable sur les nuages dans toute leur splendeur rouge répandant leur merveilleuse lumière sur tout le bassin, tandis que les rochers, les arbres et les petites plantes alpines à mes pieds semblaient silencieux et pensifs. , comme s'ils étaient aussi des spectateurs conscients du glorieux nouveau monde des nuages.

Ici et là, tandis que j'avançais de plus en plus haut, j'arrivais à de petits jardins et à des fougères, là où l'on déciderait naturellement qu'aucune créature végétale ne pourrait vivre. Mais, comme dans la région située autour de la tête du Col du Mono et du sommet du Dana, c'est dans les endroits les plus sauvages et les plus élevés que se trouvaient les hommes-plantes les plus beaux, les plus tendres et les plus enthousiastes. Encore et encore, tandis que je m'attardais sur ces charmantes plantes, je disais : Comment es-tu venu ici ? Comment vivez-vous l'hiver ? Nos racines, expliquaient-ils, descendent loin dans les joints des rochers réchauffés par l'été, et sous notre fin manteau de neige, les gelées meurtrières ne peuvent pas nous atteindre, pendant que nous dormons la moitié sombre de l'année en rêvant du printemps.

Depuis que j'ai pu entrer dans ces montagnes, j'ai cherché le cassiope, que l'on dit être la plus belle et la plus aimée des bruyères, mais, chose étrange, je ne l'ai pas encore trouvé. Lors de mes promenades en haute montagne, je n'arrête pas de marmonner : « Cassiope, cassiope ». Ce nom, comme disent les calvinistes, m'est imposé, malgré la glorieuse multitude de plantes qui m'entourent sans nom dès que je me montre. Cassiope semble être le nom le plus élevé de tous les petits habitants des montagnes et, comme consciente de sa valeur, elle se tient à l'écart de mon chemin. Je dois la retrouver bientôt, voire pas du tout cette année.

4 septembre. Tout le vaste dôme du ciel est clair, rempli uniquement de la douce lumière de l'été indien. Les pommes de pin, de pruche et de sapin sont presque mûres et tombent rapidement du matin au soir, coupées et ramassées par les écureuils occupés. Presque toutes les plantes ont mûri leurs graines, leur travail d'été terminé ; et la récolte estivale d'oiseaux et de cerfs pourra bientôt suivre leurs parents vers les contreforts et les plaines à l'approche de l'hiver, lorsque la neige commencera à voler.

5 septembre. Pas de nuages. Le temps était frais, calme, lumineux, comme si rien de grand n'était encore prêt à être fait. J'ai dessiné l'église de North Tuolumne. Le coucher de soleil est magnifiquement coloré.

6 septembre. Encore une autre journée parfaitement sans nuages, une soirée et un matin pourpres, toutes les heures du milieu une masse de pur soleil serein. Peu après le lever du soleil, l'air se réchauffa et il n'y avait plus de vent. On s'est naturellement arrêté pour voir ce que la nature avait l'intention de faire. Il y a une suggestion du véritable été indien dans le temps calme et maussade, légèrement brumeux. L'atmosphère jaune, bien que ténue, a encore manifestement le même caractère général que celle de l'été de l'est de l'Inde. Cette douceur particulière est peut-être en partie causée par des myriades de spores mûres à la dérive dans le ciel.

M. Delaney continue maintenant un discours solennel sur la nécessité de s'éloigner de ces hautes montagnes, racontant de tristes histoires de troupeaux qui ont péri dans des tempêtes qui ont éclaté soudainement au milieu d'un beau temps innocent comme celui dont nous profitons actuellement. "En aucun cas," dit-il, "je n'oserai rester si haut et si loin dans les montagnes comme nous le sommes maintenant plus tard que le milieu de ce mois, peu importe combien il fait chaud et ensoleillé." Il déplaçait le troupeau lentement au début, quelques kilomètres par jour jusqu'à ce que le bassin du ruisseau Yosemite soit atteint et traversé, puis, tout en s'attardant dans les épaisses forêts de pins, si le temps menaçait, il pouvait se précipiter vers les contreforts, où la neige ne tombe jamais profondément. de quoi étouffer un mouton. Bien sûr, j'ai hâte de voir autant de désert que possible dans les quelques jours qui me restent, et je le répète : que le bon moment vienne où je pourrai rester aussi longtemps que je le souhaite avec beaucoup de pain, loin et libre de toute contrainte. piétinant les troupeaux, même si je peux bien être reconnaissant pour cet été généreux et inspirant. De toute façon, nous ne savons jamais où aller ni quels guides nous devons trouver :

des hommes, des tempêtes, des anges gardiens ou des moutons. Peut-être que presque tous ceux qui ont le caractère le moins naturel sont plus surveillés qu'ils ne l'imaginent. Tout le désert semble être plein de ruses et de plans pour nous conduire et nous attirer vers la Lumière de Dieu.

J'ai été occupé à planifier et à préparer du pain pour au moins une autre bonne excursion sauvage parmi les hauts sommets, et sûrement aucun, même s'il visait avec espoir la fortune ou la gloire, ne s'est jamais senti aussi glorieusement heureux et excité par la perspective.

7 septembre. Quittez le camp à l'aube et dirigez-vous directement vers Cathedral Peak, avec l'intention de frapper vers l'est et le sud à partir de ce point parmi les sommets et les crêtes à la tête des rivières Tuolumne, Merced et San Joaquin. En descendant à travers les bois de pins, j'ai traversé la rivière Tuolumne et les prairies, puis j'ai remonté la pente fortement boisée formant la limite sud du bassin supérieur de Tuolumne, le long du côté est du Cathedral Peak, et jusqu'à sa flèche la plus haute, que j'ai Nous sommes arrivés à midi, après avoir flâné sur le chemin pour étudier les beaux arbres : le pin à deux feuilles, le pin ponderosa, le pin albicaulis, le sapin argenté et le plus charmant, le plus gracieux de tous les arbres à feuilles persistantes, la pruche subalpine. Des prairies hautes, fraîches et à floraison tardive m'ont également retenu, ainsi que des lacs, des traces d'avalanches et d'immenses carrières de roches morainiques au-dessus des forêts.

PRÉ GLACIER PARSÉ DE ROCHES MORAINE À 10 000 PIEDS AU-DESSUS DE LA MER (PRÈS DU MONT DANA)

DEVANT LE PIC DE LA CATHÉDRALE

Depuis les Big Meadows jusqu'à la base de la Cathédrale, le sol est recouvert de moraine, la moraine latérale gauche du grand glacier qui a dû remplir complètement ce bassin supérieur de Tuolumne. Plus haut, il y a plusieurs petites moraines terminales de glaciers résiduels poussés en avant à angle droit contre le grand latéral simple du glacier principal Tuolumne. Un bel endroit pour étudier la sculpture de montagne et la création du sol. La vue depuis les flèches de la cathédrale est très belle et révélatrice dans toutes les directions. D'innombrables sommets, crêtes, dômes, prairies, lacs et bois ; les forêts s'étendent en longues lignes courbes et en vastes champs partout où les glaciers ont laissé du sol sur lequel ils peuvent pousser, tandis que les flancs des plus hautes montagnes montrent une croissance naine éparse accrochée aux fissures des roches apparemment indépendantes du sol. J'ai trouvé que la végétation sombre ressemblant à de la bruyère sur le toit de la cathédrale était du pin albicaulis nain pressé par la neige, d'environ trois ou quatre pieds de haut, mais d'apparence très ancienne. Beaucoup d'entre eux portent des cônes, et le bruyant corbeau de Clarke mange les graines, utilisant son long bec comme un pic pour les extraire des cônes. Bon nombre de fleurs sont encore en fleurs à la base du pic et même sur le toit, parmi les petits pins, notamment un eriogonum ligneux à fleurs jaunes et un bel aster. Le corps de la cathédrale est presque carré et les pentes du toit sont merveilleusement régulières et symétriques, la crête étant orientée vers le nord-est et le sud-ouest. Cette direction a apparemment été déterminée par les joints de structure du granite. Le pignon à l'extrémité nord-est est magnifique par ses dimensions et sa simplicité, et à sa base se trouve un grand banc de neige protégé par l'ombre du bâtiment. La façade est ornée de nombreux pinacles et d'une haute flèche d'une curieuse facture. Ici aussi, les joints de la roche semblent avoir joué un rôle important dans la détermination de leurs formes, de leurs dimensions et de leur disposition générale. On dit que la cathédrale se trouve à environ onze mille pieds au-dessus de la mer, mais la hauteur du bâtiment lui-même, au-dessus du niveau de la crête sur laquelle il se trouve, est d'environ quinze cents pieds. A environ un mile à l'ouest se trouve un beau lac, et le granit poli par les glaciers qui l'entoure brille si fort qu'il n'est pas facile à certains endroits de tracer la ligne entre la roche et l'eau, les deux brillants de la même manière. De ce lac avec son bassin argenté et ses parcelles de prairies et de bosquets, j'ai une belle vue depuis les flèches ; également du lac Tenaya, de Cloud's Rest et du dôme sud de Yosemite, du mont Starr King, du mont Hoffman, des sommets de Merced et de la grande multitude de sommets de fontaines enneigées s'étendant loin au nord et au sud le long de l'axe de la chaîne. Cependant, aucun élément de tout ce noble paysage vu d'ici ne semble plus merveilleux que la cathédrale elle-même, un temple présentant les meilleures maçonneries et sermons en pierre de la nature. Combien de fois je l'ai contemplé du haut des collines et des crêtes, et à travers les ouvertures des forêts, au cours de mes nombreuses et courtes excursions, m'étonnant, admirant et désirant dévotement ! Je peux dire que c'est la première fois que je vais à une église en Californie, et que je suis enfin conduit ici, chaque porte étant gracieusement ouverte au pauvre fidèle solitaire. Dans nos meilleurs temps, tout se transforme en religion, le monde entier semble une église et les montagnes des autels. Et voici, enfin, devant la cathédrale, la bienheureuse Cassiope, qui fait sonner ses milliers de cloches aux tons doux, la musique d'église la plus douce que j'aie jamais appréciée. En écoutant, en admirant, jusque tard dans l'après-midi, je me suis forcé à me précipiter vers l'est derrière des pics rugueux, pointus, pointus et éclatés, tous granitiques comme la cathédrale, étincelants de cristaux - feldspath, quartz, hornblende, mica, tourmaline. J'ai fait une marche assez difficile et rampé à travers une immense falaise de neige et de glace dont la pente augmentait progressivement à mesure que j'avançais jusqu'à ce qu'elle devienne presque infranchissable. J'ai glissé sur un endroit dangereux, mais j'ai réussi à m'arrêter en enfonçant mes talons dans la surface en train de dégeler, juste au bord d'un golfe de glace béant. Campé à côté d'une petite piscine et d'un groupe de pins nains froissés ; et tandis que je suis assis près du feu et que j'essaie d'écrire des notes, la piscine peu profonde semble insondable avec les cieux étoilés infinis à l'intérieur, tandis que les rochers et les arbres, les minuscules arbustes, les marguerites et les carex, avancés dans la lueur du feu, semblent pleins de pensées. comme s'ils étaient sur le point de parler à haute voix et de raconter toutes leurs histoires folles. Une rencontre merveilleusement impressionnante où chacun a quelque chose à dire. Et au-delà des rayons de feu dans l'obscurité solennelle, comme elle est impressionnante la musique d'un chœur de ruisseaux qui descendent de la neige jusqu'à la rivière ! Et quand nous pensons que des milliers de ces ruisseaux joyeux sont rassemblés dans chacun des principaux cours d'eau, nous nous étonnons d'autant moins que nos rivières de la Sierra chantent jusqu'à la mer.

Vers le coucher du soleil, j'aperçus une volée de moineaux bruns grisâtres qui allaient se percher dans les crevasses d'un rocher au-dessus du grand champ de neige. Charmants petits montagnards ! J'ai trouvé une espèce de carex en fleur à huit ou dix pieds d'un banc de neige. À en juger par l'apparence du sol, il ne peut guère avoir été exposé au soleil plus d'une semaine, et il est probable qu'il soit à nouveau enseveli sous la neige fraîche dans un mois environ, ce qui fera un hiver d'environ dix mois, tandis que le printemps, l'été et l'automne sont bondés et précipités sur deux mois. Comme c'est délicieux d'être seul ici ! Comme tout est sauvage, sauvage comme le ciel et aussi pur ! Jamais je n'oublierai ce grand jour divin, la cathédrale et ses milliers de cloches cassiopes, et les paysages qui les entourent, et ce camp dans les rochers gris au-dessus des bois, avec ses étoiles, ses ruisseaux et sa neige.

VUE SUR LA HAUTE VALLÉE DE TUOLUMNE

8 septembre. Journée d'escalade, de brouillage, de glisse sur les sommets autour de la plus haute source du Tuolumne et de la Merced. J'ai escaladé trois des montagnes les plus imposantes, dont je ne connais pas les noms ; j'ai traversé des ruisseaux et d'immenses lits de glace et de neige dont je ne pouvais pas compter. Je ne pouvais pas non plus compter les lacs disséminés sur les plateaux et dans les cirques des sommets, et en chaînes dans les canons, reliés entre eux par les ruisseaux – un désert gris extrêmement sauvage de rochers, de crêtes et de sommets découpés et brisés, quelques-uns. des nuages dérivaient au milieu d'eux comme s'ils cherchaient du travail. D'une manière générale, l'immense paysage rond semble brut et sans vie comme une carrière, pourtant les fleurs les plus charmantes se réjouissent partout dans d'innombrables recoins et parcelles ressemblant à des jardins. J'ai dû faire trois ou quatre jours de travail d'escalade dans celui-ci. Les membres étaient parfaitement infatigables jusqu'au coucher du soleil, lorsque je suis descendu dans la principale vallée supérieure de Tuolumne, au pied du mont Lyell, le camp étant encore distant de huit ou dix milles. En montant à travers les bois de pins devant le Soda Springs Dome dans l'obscurité, où il y a beaucoup de bois tombé, et alors que toute l'excitation de voir les choses faisait défaut, j'étais fatigué. Arrivé au camp principal à neuf heures, et bientôt je dormais comme un mort.

CHAPITRE XI

RETOUR AUX BASSES TERRES

9 septembre. La lassitude s'est calmée et je me sens impatient et prêt pour une autre excursion d'un mois ou deux dans la même nature merveilleuse. Maintenant, cependant, je dois me tourner vers les basses terres, prier et espérer que le Ciel me repoussera à nouveau.

La chose la plus révélatrice apprise au cours de ces excursions en montagne est l'influence des joints de clivage sur les éléments sculptés dans la masse générale de la chaîne. De toute évidence, la dénudation a été énorme, alors que le résultat inévitable est une beauté subtile et équilibrée. Compris dans des vues générales, les traits du paysage le plus sauvage semblent être aussi harmonieusement liés que les traits d'un visage humain. En effet, ils ont une apparence humaine et rayonnent d'une beauté spirituelle, d'une pensée divine, même s'ils sont recouverts et dissimulés par la roche et la neige.

M. Delaney a à peine eu le temps de me demander comment j'ai apprécié mon voyage, bien qu'il ait facilité et encouragé mes projets tout l'été, et déclare que je serai célèbre un jour, une aimable supposition qui semble étrange et incroyable à un désert errant. amoureux sans aucune pensée ni rêve de gloire tout en essayant humblement de retracer, d'apprendre et d'apprécier les leçons de la nature.

Les affaires du camp sont maintenant emballées sur les chevaux et le troupeau se dirige vers le ranch. Nous partons, à travers les pins, quittant la jolie pelouse où nous avons campé si longtemps. Je me demande si je le reverrai un jour. Le gazon est si dur et si serré qu'il est à peine blessé par les moutons. Heureusement, ils n'aiment pas l'herbe soyeuse des prés des glaciers. La journée est parfaitement claire, pas un nuage ni la moindre trace de nuage n'est visible et il n'y a pas de vent. Je me demande si dans le monde entier, à une altitude de neuf mille pieds, on peut trouver ailleurs un temps aussi stable, fidèlement calme, lumineux et hospitalier. Nous partons en craignant des tempêtes destructrices, même s'il est difficile de concevoir des changements climatiques aussi importants.

Bien que l'eau soit maintenant basse dans la rivière, la difficulté habituelle s'est produite pour faire traverser le troupeau. Chaque mouton semblait invinciblement déterminé à mourir de toute sorte de mort sèche plutôt que de se mouiller les pieds. Carlo a appris le métier de mouton aussi parfaitement que le meilleur berger, et il est intéressant d'observer ses efforts intelligents pour pousser ou effrayer les créatures idiotes dans l'eau. Il a fallu qu'ils soient assez entassés et poussés sur la berge ; et quand enfin on traversait parce qu'on ne pouvait pas reculer, tout le troupeau s'enfonçait soudain tête baissée, comme si le fleuve était la seule partie désirable du monde. Au-delà du simple profit financier, on préfère garder des loups plutôt que des moutons. Dès qu'ils remontèrent la rive opposée, ils commencèrent à bavarder et à se nourrir comme si de rien n'était. Nous avons traversé les prairies et remonté lentement le bord sud de la vallée à travers les mêmes bois que j'avais traversés en route vers Cathedral Peak, et avons campé pour la nuit au bord d'un petit étang au sommet de la grande moraine latérale.

10 septembre. Le matin, au lever du jour, aucune des deux mille brebis n'était en vue. En examinant les traces, nous avons découvert qu'elles avaient été dispersées, peut-être par un ours. En quelques heures, tous furent retrouvés et rassemblés en un seul troupeau. Il y avait une belle vue sur un cerf. Comme il semblait gracieux et parfait à tous points de vue, comparé au mouton idiot, poussiéreux et ébouriffé ! Depuis les hauteurs environnantes, on avait une autre vue grandiose vers le nord : une mer houleuse et gonflée de dômes et de crêtes arrondies bordées de pins et délimitées par d'innombrables pics pointus, gris et d'apparence aride, bien que si pleins de belle vie. . Encore une journée calme, sans nuages, violette le matin et le soir. La lueur du soir est très marquée depuis deux ou trois semaines. Peut-être la « lumière zodiacale ».

11 septembre . Sans nuages. Léger gel. Calme. Nous avons commencé la descente et campons maintenant dans les prairies de l'extrémité ouest du lac Tenaya, un endroit charmant. Un lac lisse comme du verre, reflétant ses kilomètres de trottoirs polis par les glaciers et ses parois de montagne audacieuses. Retrouvez l'aster encore en fleur. Voici à peu près la limite supérieure de la forme naine du chêne doré, à huit mille pieds au-dessus du niveau de la mer, atteignant environ deux mille pieds plus haut que le chêne noir de Californie (*Quercus Californica*). Belle soirée, les reflets du lac à la tombée de la nuit sont merveilleusement impressionnants.

12 septembre. Journée sans nuages, tout en or pur du soleil. Une fois de plus parmi les magnifiques sapins argentés, à moins de trois kilomètres du bord de Yosemite, au célèbre camp d'ours portugais. Chaparral de chênes dorés, de manzanita et de ceanothus abondants par ici, manquant autour des prairies de Tuolumne, bien que l'élévation y soit un peu plus élevée. Le pin à deux feuilles, bien que beaucoup plus abondant dans la région des prairies de Tuolumne, atteint sa plus grande taille au bord des cours d'eau et autour des prairies plutôt marécageuses. Tout le meilleur terrain sec est occupé par le magnifique sapin argenté, qui atteint ici sa plus grande taille et forme une ceinture bien définie. Un arbre glorieux. Ayez un bon lit de branches ce soir.

13 septembre. Campez ce soir à Yosemite Creek, près du ruisseau, sur un petit plat de sable près de notre ancien terrain de camping. La végétation est déjà brune, jaune et sèche ; le ruisseau est presque à sec également. La forme élancée du pin à deux feuilles sur ses rives est, je pense, la plus belle que j'aie jamais vue. Il pourrait facilement Flent passer à première vue pour une espèce distincte, mais sûrement seulement pour une variété (*Murrayana*), en raison de sa croissance rapide et encombrée sur un bon sol. Le pin jaune est tout aussi variable, sinon plus. La forme ici et mille pieds plus haut, sur des rochers en ruine, est de larges ramifications, avec une écorce rougeâtre étroitement sillonnée, de grands cônes et de longues feuilles. C'est l'un des pins les plus rustiques et doté d'une merveilleuse vitalité. Les glands de longues et grosses aiguilles qui brillent d'argent au soleil, lorsque le vent les souffle toutes dans la même direction, constituent l'un des spectacles les plus splendides que ces glorieuses forêts de la Sierra ont à offrir. Cette variété de *Pinus ponderosa* est considérée comme une espèce distincte, *Pinus Jeffreyi* , par certains botanistes. Le bassin de ce célèbre ruisseau de Yosemite est extrêmement rocheux et semble assez pavé de dômes comme une rue avec de gros pavés. Je me demande si je serai un jour autorisé à l'explorer. Cela m'attire tellement que je ferais n'importe quel sacrifice pour essayer de lire ses leçons. Je remercie Dieu pour cet aperçu. Les charmes de ces montagnes dépassent toute raison, inexplicables et mystérieux comme la vie elle-même.

14 septembre. Presque toute la journée dans une magnifique forêt de sapins, aux cimes des branches chargées de superbes cônes gris dressés brillant de perles de baume pur. Les écureuils les coupent à un rythme effréné. Boum, boum, je les entends tomber, bientôt ramassés et stockés pour le pain d'hiver. Ceux qui ont la chance d'être laissés par les récolteurs industrieux laissent tomber les écailles et les bractées lorsqu'ils sont complètement mûrs, et il est agréable de voir les graines aux ailes violettes voler en troupeaux tourbillonnants et joyeux à la recherche de fortune. Le fût et les branches mortes de presque tous les arbres de la ceinture forestière principale sont ornés de touffes et de bandes bien visibles d'un lichen jaune.

Campement pour la nuit à Cascade Creek, près du passage à niveau du Mono Trail. Les baies de Manzanita sont maintenant mûres. Nébulosité aujourd'hui d'environ 0,10. Le coucher de soleil est très riche, flamboyant pourpre et pourpre apparaissant glorieusement à travers les allées des bois.

15 septembre. Le temps est d'or pur, la nébulosité est d'environ 0,05, des cirrus blancs se dessinent et se dessinent autour de l'horizon. Déplacez-vous sur deux ou trois miles et campez à Tamarack Flat. En me promenant dans les bois, derrière les pins qui bordaient les prairies, j'ai trouvé des spécimens très nobles du magnifique sapin argenté, le plus haut d'environ deux cent quarante pieds de haut et cinq pieds de diamètre à quatre pieds du sol.

16 septembre. J'ai rampé lentement quatre ou cinq milles aujourd'hui à travers la glorieuse forêt jusqu'à Crane Flat, où nous campons pour la nuit. Les forêts que nous admirions tant en été paraissent encore plus belles et sublimes dans cette douce lumière d'automne. Belle nuit étoilée, les hautes cimes des arbres en flèche se détachent en noir de jais sur le ciel. Je m'attarde près du feu, répugnant à me coucher.

17 septembre. Quitte le camp tôt. J'ai traversé la ligne de partage de Tuolumne et descendu quelques kilomètres jusqu'à un bosquet de séquoias dont j'avais entendu parler, dirigé par le Don. Ils occupent une superficie peut-être inférieure à cent acres. Certains arbres sont de vieux géants nobles et colossaux, entourés de magnifiques pins à sucre et d'épicéas de Douglas. Les spécimens parfaits, non brûlés ni brisés, sont singulièrement réguliers et symétriques, quoique nullement conventionnels, montrant une variété infinie dans l'unité et l'harmonie générales ; les nobles fûts à l'écorce cannelée richement brun violacé, libres de branches sur environ cent cinquante pieds, ornés çà et là de rosettes feuillues ; les branches principales des arbres les plus anciens sont très grandes, tordues et accidentées, zigzaguant avec raideur vers l'extérieur, apparemment anarchiques, mais s'abaissant de manière inattendue juste à la bonne distance du tronc et se dissolvant en masses denses et autoritaires de rameaux, formant ainsi un contour régulier quoique très varié, - un cylindre de masses de gerbes feuillues et bombées, se terminant par un noble dôme, que l'on peut reconnaître de loin, soulevé sur le ciel au-dessus du lit sombre de pins, de sapins et d'épicéas, le roi de tous les conifères, non seulement par sa taille mais par sa beauté sublime. majesté de comportement et de port. J'ai trouvé une souche noire et carbonisée d'environ trente pieds de diamètre et quatre-vingts ou quatre-vingt-dix pieds de haut – un vieux monument vénérable et impressionnant d'un arbre qui, à son apogée, aurait pu être le monarque du bosquet ; des semis et des jeunes arbres poussant ici et là, économes et pleins d'espoir, ne laissant aucune trace d'une disparition de l'espèce. Ce n'est pas un changement climatique défavorable, mais seulement le feu, qui menace l'existence de ces arbres les plus nobles de Dieu. Désolé, je n'ai pas pu compter les cernes annuels de l'ancien monument.

Campez ce soir à Hazel Green, sur le large dos de la crête de séparation près de notre ancien terrain de camping lorsque nous étions en train de gravir les montagnes au printemps. Cette crête possède les plus beaux bosquets de pins à sucre et les plus beaux fourrés de manzanita et de ceanothus que j'ai jamais découverts au cours de tout ce merveilleux voyage d'été.

18 septembre. Nous avons fait une longue descente sur le côté sud de la ligne de partage jusqu'à Brown's Flat, les grandes forêts maintenant laissées au-dessus de nous, bien que le pin à sucre prospère encore assez bien, et avec le pin jaune, le libocedrus et l'épinette de Douglas, forment des forêts qui serait considéré comme le plus merveilleux dans n'importe quelle autre partie du monde.

Les Indiens d'ici, très inquiets, nous ont montré un vieux jardin sur l'appartement et nous ont dit de nous en éloigner. Peut-être que certains membres de leur tribu sont enterrés ici.

19 septembre. Campement ce soir à Smith's Mill, sur le premier large banc de montagne ou plateau atteint en montant la chaîne, où les pins poussent assez gros pour du bon bois. Ici poussent le blé, les pommes, les pêches et les raisins, et nous avons eu droit à du vin et des pommes. Le vin ne me plaisait pas, mais M. Delaney, le chauffeur indien et le berger semblaient trouver ce vin divin. Comparée à l'eau pétillante de la Sierra fraîchement tombée du ciel, cela semblait une boisson ennuyeuse, boueuse et stupide. Mais les pommes, le meilleur des fruits, comme elles étaient délicieuses, dignes des dieux ou des hommes.

En redescendant de Brown's Flat, nous nous arrêtâmes à Bower Cave, et j'y passai une heure, l'une des demeures souterraines les plus originales et les plus intéressantes de la nature. Beaucoup de soleil y pénètre à travers les feuilles des quatre érables qui poussent dans sa bouche, illuminant sa piscine claire et calme et ses chambres de marbre, un endroit charmant, d'une beauté ravissante, mais les parties accessibles des murs sont tristement défigurées par des noms de vandales. .

20 septembre. Temps toujours doré et calme, mais chaud. Nous sommes maintenant au pied des collines, et tous les conifères sont laissés derrière nous, sauf le pin gris Sabine. Campé au Dutch Boy's Ranch, où se trouvent de vastes champs d'orge qui ne montrent plus que du chaume poussiéreux.

21 septembre. Une journée terriblement chaude, poussiéreuse et brûlée par le soleil, et comme il n'y avait rien à gagner à flâner là où le troupeau ne trouvait rien à manger à part des brindilles épineuses et du chaparral, nous avons fait un long trajet et, avant le coucher du soleil, nous sommes arrivés au ranch de la maison. plaine jaune de San Joaquin.

22 septembre. Les moutons ont été sortis du corral un par un ce matin et comptés, et c'est étrange à dire, après toutes leurs errances aventureuses dans des rochers, des broussailles et des ruisseaux ahurissants, dispersés par les ours, empoisonnés par l'azalée, la kalmia, l'alcali. , tous sont pris en compte. Sur les deux mille cinquante qui ont quitté le corral au printemps, maigres et faibles, deux mille vingt-cinq sont revenus gros et forts. Les pertes sont les suivantes : dix tués par des ours, un par un serpent à sonnette, un qui a dû être tué après s'être cassé la patte sur une pente rocheuse, et un qui s'est enfui dans une terreur aveugle après avoir été accidentellement séparé du troupeau, — treize tous. dit. Parmi les douze autres condamnés à ne jamais revenir, trois ont été vendus à des éleveurs et neuf ont été transformés en moutons de camp.

Ici se termine ma première excursion mémorable dans la High Sierra. J'ai traversé la Chaîne de Lumière, sûrement la plus brillante et la meilleure de toutes celles que le Seigneur a construites ; et me réjouissant de sa gloire, je prie avec joie, gratitude, et j'espère pouvoir le revoir.

LA FIN